Kosmosführer Vögel

Die 150 wichtigsten **Vögel nach Farbe** bestimmen

Man sagt, Schwiegermütter machen Schwiegersöhnen und Schwiegertöchtern das Leben nur schwer... Meine brachte mich auf die Idee, dieses Buch zu schreiben.
Vielen Dank, Tédé!

Kosmosführer Vögel

Die 150 wichtigsten **Vögel nach Farbe** bestimmen

Marc Duquet
Illustrationen von d'Alban Larousse

KOSMOS

Aus dem Französischen von Dr. Marion Pausch

Titel der Originalausgabe: *Les Oiseaux par la couleur*
2001 erschienen bei Éditions Minerva SA, Genf, Schweiz
unter ISBN: 2-8307-0618-8

Umschlag von eStudio Calamar unter Verwendung einer Zeichnung von d'Alban Larousse und vier Fotos von Fabrice Cahez und Vincent Munier. Die Zeichnung stellt einen Grünspecht dar. Die Fotos zeigen von oben nach unten: Eisvogel, Rotkehlchen, Buntspecht und Amsel.

Bibliographische Information Der Deutschen Bibliothek
Die Deutsche Bibliothek verzeichnet diese Publikation in der Deutschen Nationalbibliographie; detaillierte bibliographische Daten sind im Internet über http://dnb.ddb.de abrufbar.

Gedruckt auf chlorfrei gebleichtem Papier
Für die deutschsprachige Ausgabe:

ISBN 3-440-10250-5
Projektleitung: Rainer Gerstle, Monika Weymann
Satz und Redaktion: Gerdi Killer für bookwise gmbh, München
Produktion: Johannes Geyer
Printed in Italy / Imprimé en Italie

Inhalt

Vorwort

Immer mehr Menschen finden Freude daran, Vögel in freier Natur zu beobachten. Entsprechend groß ist die Auswahl an Bestimmungsbüchern mit detaillierten Zeichnungen oder Fotografien. Nur wenige dieser Bände orientieren sich jedoch an den Bedürfnissen von Neueinsteigern in das Gebiet der Vogelkunde. Ihnen gelingt es oft nicht, einen beobachteten Vogel zu identifizieren, weil die Klassifizierung in den Bestimmungsbüchern zu kompliziert ist oder ein zu großes Vorwissen erfordert. Einige Werke gliedern die Vögel nach Lebensräumen, doch auch hieraus ergeben sich Schwierigkeiten – Vögel haben nun einmal Flügel und können daher durchaus an für sie unüblichen Orten auftauchen. Viele Arten sind überdies in mehreren Lebensräumen zu Hause: Der Mäusebussard etwa nistet in Wäldern, sucht sein Futter aber auf Feldern; Kohlmeisen findet man in Parks, Gärten und Wäldern gleichermaßen. Wer ohne einschlägige Vorkenntnisse Vögel beobachtet, wird in erster Linie Umrisse und Farben der Tiere im Gedächtnis behalten. Das vorliegende Bestimmungsbuch ist deshalb nach diesen beiden Grundmerkmalen geordnet. Um sich zurechtzufinden, muss man also weder die wissenschaftlichen Ordnungen oder Familien der Vogelarten noch ihren natürlichen Lebensraum kennen. Vielmehr stehen auf einer Doppelseite alle bekannten Arten mit roter Bauchpartie, auf einer anderen alle mit schwarzem Kopf etc. Durch Vergleichen und mit Hilfe der Zusatzinformationen findet man leicht heraus, zu welcher Art der beobachtete Vogel gehört.

Eine erste Vorauswahl trifft man anhand der Umrisse des beobachteten Vogels. Diese verweisen auf die nach Farben geordneten Seiten, wobei ein Vogel mit gelbem Bauch, grünem Rücken und grauem Kopf auf jeder der entsprechenden Seiten wiederkehrt. Insgesamt beschreibt das Buch 150 europäische Arten.

In der Mehrzahl der Fälle zeigen die Darstellungen Männchen im Frühjahrskleid. Die Bestimmungsseiten sind nicht mit Fotografien, sondern mit Zeichnungen versehen, denn hier geht es mehr um das typische Aussehen der Tiere als um Individualität. Außerdem war es auf diese Weise möglich, die Vögel in einer Haltung zu zeigen, die charakteristische Merkmale der Art hervorhebt und die Identifikation erleichtert.

Der zweite Teil enthält eine Beschreibung mit ergänzenden Fotografien. Mit Hilfe dieser Informationen sollte es leicht gelingen, die verschiedenen Arten unter den günstigsten Bedingungen zu beobachten. Wo, wann und wie bekommt man eine Art am besten zu Gesicht? Diese drei Fragen habe ich versucht, auf der Grundlage meiner langjährigen Erfahrung zu beantworten. Hinzu kommen Tipps und Tricks, damit vogelkundlichen Exkursionen schon bald der gewünschte Erfolg beschieden ist.

Mein Freund und Kollege Alban Larousse, ein erfahrener Ornithologe und talentierter Künstler, hat wunderbare Zeichnungen angefertigt, die den Ansprüchen von Neulingen und erfahrenen Vogelbeobachtern gleichermaßen genügen dürften. Danken möchte ich Hervé de la Martinière vom Verlag Minerva, durch dessen Unterstützung ein Traum von mir Wirklichkeit geworden ist.

Marc Duquet, Januar 2001

Benutzerhinweise

Das vorliegende Buch hilft Ihnen beim Beobachten und Erkennen von Vögeln. Mit Hilfe von Bestimmungsmerkmalen und Farbhinweisen können Sie rasch feststellen, welchen Vogel Sie gerade gesehen haben. Im zweiten Teil des Buches lernen Sie die Lebensräume zahlreicher Vögel kennen. Sie erfahren, in welchen Regionen einzelne Arten zu Hause sind oder sich regelmäßig aufhalten und zu welcher Zeit des Jahres dies der Fall ist. In den Artenporträts finden Sie außerdem interessante Details zur Lebenweise der Vögel.

VÖGEL BESTIMMEN

Vögel gehören zu unserem Leben, denn sie befinden sich stets in unserer Nähe. Man braucht kein Experte zu sein, um Freude an ihnen zu haben – es macht einfach Spaß, sie zu beobachten oder die Namen der Arten herauszufinden, die man im Garten, auf der Straße oder auf einem Spaziergang entdeckt. Mit Hilfe des vorliegenden Buches lassen sich zahlreiche Arten in zwei einfachen Schritten identifizieren.

Bestimmungsschlüssel (Seiten 18–19)
Der Umriss eines Vogels führt Sie zu den Seiten des Buches, die Arten mit ähnlicher Form zusammenfassen (Watvögel mit langem Hals und langen Füßen, Wasservögel etc.). Diese Tabelle bezieht sich allerdings nur auf große und mittelgroße Vögel. Für kleinere Vögel nennt ein ausführlicher ergänzender Teil die exakten Bezeichnungen für unterschiedliche Körperteile. Sie können Ihre Suche eingrenzen, indem Sie die beobachteten Farben (roter Bauch, grauer Rücken, schwarzer Kopf etc.) genauer den einzelnen Körperpartien zuordnen. Über diese Merkmale gelangen Sie zu den eigentlichen Bestimmungsseiten. Sie sind nach Farben geordnet und mit Hilfe des entsprechend gefärbten Daumenregisters (schwarz, schwarz-weiß, grau, braun, gelb, rot, bunt) am oberen Seitenrand leicht auffindbar. Viele Vögel haben ein mehrfarbiges Gefieder und kommen deshalb im Führer an mehreren Stellen vor. Wenn Sie zum Beispiel eine Kohlmeise beobachtet haben, können Sie sie ebenso über die schwarze Kehle wie auch über den schwarz-weißen Kopf, die gelbe Unterseite oder den grünlichen Rücken identifizieren.

Bestimmungsteil (Seiten 24–95)
Auf jeder Doppelseite sind Vögel zusammengefasst, die bestimmte Merkmale teilen (äußere Form und Farbe bei großen Vögeln, Farben bestimmter Körperpartien bei kleineren Arten). Pfeile mit einer Kurzbeschreibung heben Unterschiede bzw. die Besonderheiten jedes Vogels hervor. Einige Angaben zum Lebensraum oder zu typischen Verhaltensweisen der Vögel erleichtern ihre Bestimmung zusätzlich.
Auf jeder Doppelseite findet sich ein Kasten mit Hinweisen auf weitere Arten. Für diese treffen die genannten Kriterien (z. B. grauer Rücken) ebenfalls zu, doch kommen sie in einem anderen Teil des Führers vor. Außerdem sind im Kasten seltenere Arten oder Vogelgruppen mit ähnlichen Merkmalen genannt, die nicht im Buch behandelt werden. Interessierte können nach diesen Vögeln bei Bedarf in einem ausführlicheren Vogelbestimmungsbuch für erfahrene Beobachter suchen (siehe Liste im Anhang).

In der Regel sind die Vögel sitzend dargestellt. Ausnahmen bilden die Arten, die man gewöhnlich im Flug sieht oder leichter erkennt, wenn sie fliegen, weil sie erst dann ihre typische Form oder Farbgebung zeigen. Einige Doppelseiten präsentieren deshalb Flugbilder.
Die meisten Vögel sind in Lebensgröße oder kleiner dargestellt als in Wirklichkeit. Die tatsächliche Durchschnittsgröße findet sich bei den Angaben zu den einzelnen Arten im zweiten Teil des Buches. Natürlich verhalten sich die Größen der Vögel, die auf einer Seite abgebildet sind, aus technischen Gründen nur selten exakt proportional zueinander. Allerdings wurde die Größenhierarchie auf den Doppelseiten eingehalten – kleinere Vögel sind immer auch kleiner dargestellt als größere Arten.
Mit Hilfe des farbigen Daumenregisters finden Sie die entsprechenden Seiten rasch und können sie durchblättern, ohne zuvor die Bestimmungsmerkmale genau zu studieren. Die Doppelseiten sind nach Farben bestimmter Körperteile geordnet, so folgen z. B. Vögel mit rotem Kopf auf solche mit rotem Bauch. Vögel weisen zahlreiche Farbnuancen auf. Um die Suche zu vereinfachen, entspricht die Farbe des Daumenregisters der jeweiligen Grundfarbe (auf rot markierten Seiten finden sich z. B. Vögel mit roten, aber auch solche mit rosa- oder orangefarbenen Gefiederpartien).

VÖGEL BEOBACHTEN

Wenn Sie einen Vogel identifiziert haben, interessieren Sie vielleicht zusätzliche Informationen, die sein Verhalten betreffen. Die Seiten mit den Porträts der Arten sind der internationalen wissenschaftlichen Klassifizierung entsprechend systematisch geordnet; ein alphabetisches Register (S. 193) erleichtert die Suche.

Porträts der Arten (Seiten 98–172)

Blauracke
Coracias garrulus

Blauracken bewohnen offene Landschaften in West-, Süd- und Osteuropa. Sie überwintern in Afrika südlich der Sahara. Als Offenlandbewohner besiedeln sie hauptsächlich Feldränder in Gegenden mit trockenen Böden und Brachland. Allerdings müssen dort hohe Bäume und erhöhte Ruheplätze wie abgestorbene Bäume, Pfähle und Stromleitungen vorhanden sein. Von einer hoch gelegenen Ansitzwarte aus hält die Blauracke nach Beute Ausschau. Sie ist ein Höhlenbrüter und nutzt für die Aufzucht ihrer Jungen Baumhöhlen wie Spechtlöcher, aber auch künstliche Nistkästen.

- **Körperlänge:** 30–32 cm
- **Gewicht:** 110–190 g
- **Nahrung:** hauptsächlich Insekten, Eidechsen, Mäuse
- **Gelege:** 3–5 Eier (Juni–Juli)

Wiedehopf
Upupa epops

Die Vögel sind mit Ausnahme von Nord- und Nordwesteuropa weit verbreitet. In Südeuropa bleiben sie bisweilen ganzjährig; die meisten Populationen ziehen aber zum Überwintern nach Afrika. Wiedehopfe leben auf Weiden und abgemähten Feldern, in Weingärten, Obsthainen und auf Brachland. Zur Futtersuche benötigen sie offenes Terrain mit niedrigwüchsiger Vegetation. Zum Nisten wählen sie hohle Bäume oder Löcher in Mauern. Trotz ihres auffälligen Gefieders kann man die Tiere am Boden nur schwer entdecken. Im Flug allerdings sind sie unverkennbar.

- **Körperlänge:** 26–28 cm
- **Gewicht:** 50–100 g
- **Nahrung:** Insekten und Larven, andere kleine Tiere
- **Gelege:** 6–8 Eier (März–Juli)

134

Grünspecht
Picus viridis

Grünspechte besiedeln fast ganz Europa, nur in einigen Teilen Nordeuropas sind sie nicht vertreten. Sie leben ganzjährig in ihrem Brutgebiet, meist an Waldrändern, in Gehölzen, großen Parkanlagen von Städten und in Hecken auf dem Land. Allerdings benötigen die Vögel stets in unmittelbarer Nähe Wiesen, Weiden oder Grasflächen mit ausreichendem Ameisenbestand. Häufig kann man die Tiere dabei beobachten, wie sie am Boden nach Ameisen suchen oder an Baumstämmen emporklettern. Der Ruf der Grünspechte ähnelt lautem Gelächter und erklingt besonders häufig im Frühling.

- **Körperlänge:** 31–33 cm
- **Gewicht:** 140–200 g
- **Nahrung:** Ameisen und deren Puppen
- **Gelege:** 5–7 Eier (April–Juni)

Buntspecht
Dendrocopos major

Buntspechte bewohnen Wälder und Gehölze aller Art, darunter auch ausgedehnte Hecken, Obsthaine und große Parks. Sie kommen ganzjährig in fast ganz Europa vor und fehlen nur in Teilen Nordeuropas. Im Frühjahr hört man häufig die Trommelwirbel der Buntspechte. Sie klopfen mit ihren Schnäbeln nicht nur auf hohle Äste, sondern auch auf Blechdächer, Fernsehantennen oder blecherne Kamineinfassungen. Die Jungen werden in einer Baumhöhle aufgezogen, die beide Partner alljährlich neu zimmern. Diese Höhlen dienen wiederum anderen Tieren wie Siebenschläfern und Waldfledermäusen als Heimstatt.

- **Körperlänge:** 22–23 cm
- **Gewicht:** 70–100 g
- **Nahrung:** Insekten, Larven, Samen aus Nadelbaumzapfen
- **Gelege:** 4–7 Eier (April–Juni)

135

Zu jeder Vogelart gehören neben einer Zeichnung und einer Fotografie der wissenschaftliche Name sowie Angaben zu Länge, Gewicht, Nahrung, Brutzeit und Zahl der Eier pro Gelege. Ein ausführlicherer Text erläutert Details zu Lebensweise und Lebensräumen. Zu vielen Arten gibt es auch Hinweise, wie man sie am besten beobachtet. Sie beruhen auf der über 25-jährigen Erfahrung von Experten in verschiedenen europäischen Ländern.

Zur Illustration der Artenporträts wurden besonders schöne Aufnahmen ausgewählt, die nicht nur technisch brillant sind, sondern auch den Lebensraum des Vogels exemplarisch darstellen. Wann immer es möglich war (also in fast allen Fällen), wurde darauf verzichtet, brütende Vögel zu fotografieren, denn häufig fühlen sich die Tiere davon gestört und nicht selten tragen Fotografen die Schuld daran, dass ein Gelege nicht ausgebrütet wird. Bei einigen Arten ergänzt das Bild die Illustration auf den Seiten mit den Bestimmungsmerkmalen, indem es die Vögel in einer anderen Haltung oder mit anderem Gefieder zeigt. Dies ist z. B. interessant, wenn Männchen und Weibchen unterschiedlich gefärbt sind.

ANHANG (Seite 176 ff.)

Der Anhang enthält Hinweise auf weitere Quellen, die bei der Identifizierung, Beobachtung und beim Schutz von Vögeln helfen können:

- Beobachten: Ratschläge für Vogelfreunde, die sich intensiver mit der Beobachtung und Bestimmung von Vögeln in freier Natur beschäftigen möchten (Ausrüstung, Grundtechniken, geeignete Lebensräume).
- Farben der Vögel: Nuancen der Grundfarben, die besonders häufig als Varianten bei Vögeln beobachtet werden. Genannt werden etwa die gängigen Bezeichnungen wie rot, orange, rosa, lachsfarben etc.
- Klassifizierung der Vögel: Wie werden Vögel von Wissenschaftlern gruppiert? Wie hängen einzelne Familien zusammen?
- Vogelschutz: Wie lockt man Vögel an (Winterfütterung, Nistkästen) und schützt sie zugleich?
- Referenzen und nützliche Adressen: weitere Bücher zum Thema sowie eine Liste wichtiger Vogelschutzorganisationen.

Bestimmungsschlüssel

Bestimmung nach Umrissen

Die folgenden Silhouetten helfen bei der Bestimmung. Man sucht zunächst nach dem Umriss, der der Gestalt des beobachteten Vogels am stärksten ähnelt. Anschließend schlägt man auf der angegebenen Seite nach.

■ **War der Vogel groß und hatte er einen langen Hals und lange Beine wie ein Reiher oder Storch?**

- Große Vögel mit langen Beinen (S. 36).
- Große Wasservögel im Flug (S. 38).

■ **Kreiste er am Himmel wie ein Adler oder ein Bussard?**

- Greifvögel im Flug (S. 76).

■ **Schwamm er wie eine Ente?**

- Schwarze oder dunkle Wasservögel (S. 24).
- Weiße oder mehrfarbige Wasservögel (S. 90).

■ **Handelte es sich um einen mittelgroßen Vogel mit langen Beinen und/oder langem Schnabel wie ein Wasserläufer oder eine Bekassine?**

- Mittelgroße schwarz-weiße Watvögel (S. 40).
- Mittelgroße graue oder braune Watvögel (S. 70).

■ **Ähnelte er einem Huhn oder Rebhuhn**

- Große Vögel auf Äckern und Feldern (S. 66).
- Schwarze oder dunkle Wasservögel (S. 24).

■ War es ein weiß-grauer Vogel vom Typ einer Möwe?

▸ Große weiß-graue Vögel (S. 54).

■ Ähnelte der Vogel einer Taube?

▸ Große graue Vögel (S. 52).

■ War er groß und schwarz wie ein Rabe?

▸ Vollständig schwarze Vögel (S. 26).

■ Handelte es sich um einen Nachtvogel wie ein Käuzchen oder eine Eule?

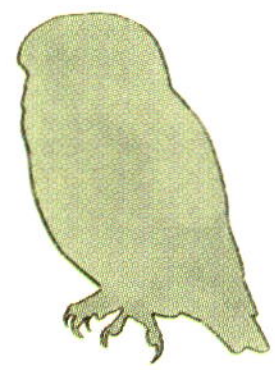

▸ Nachtaktive Vögel (S. 68)

■ Kletterte er an einem Baumstamm empor wie ein Specht oder Baumläufer?

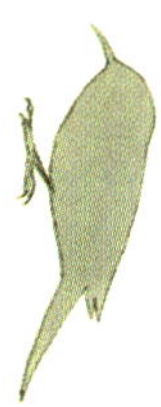

▸ Bräunliche Vögel mit Streifen oder Tupfen (S. 74).

▸ Vögel mit rötlicher Unterseite (S. 86).

▸ Vögel mit rötlicher Partie am Kopf (S. 88).

■ War der Vogel so klein wie ein Sperling oder eine Meise?

▸ Siehe nächste Seite für weitere Details.

Bestimmung nach Farben

Diese Merkmale gelten nur für kleine Vögel wie Sperlinge, Meisen oder Finken, die zur Ordnung Passeriformes gehören. Benutzen Sie zur Bestimmung von größeren Vögeln oder solchen mit anderen Formen die beiden vorangegangenen Seiten. Achtung: Raben, Krähen und Elstern gehören ungeachtet ihrer Größe gleichfalls zur Ordnung Passeriformes; sie werden deshalb ebenfalls hier behandelt. Versuchen Sie nun, den Vogel anhand mindestens einer Farbe näher zu bestimmen.

Grundfarbe

Bevor wir uns einzelnen Farben bestimmter Körperpartien zuwenden, lohnt es sich, einen Blick auf jene Arten zu werfen, deren allgemeine Grundfarbe (einfarbig oder nicht) besonders ins Auge fällt.

- Vollständig schwarze Vögel (S. 26).
- Schwarz-weiße Vögel (S. 42 und 44).
- Verbreitete schwarz-weiße Vögel im Flug (S. 50).
- Überwiegend braune oder graue Vögel (S. 64).
- Bräunliche Vögel mit Streifen oder Tupfen (S. 72 und 74).
- Mehrfarbige Vögel (S. 92).
- Mehrfarbige Vögel im Flug (S. 94).

Zuordnung von Farben

Um Farben, die wir an einem Vogel beobachten, genau zuordnen zu können, müssen wir seine wichtigsten Körperteile kennen. Das bedeutet nicht, dass wir uns in die komplexe Bezeichnung einzelner Gefiederpartien einarbeiten müssen, doch um einige Grundbegriffe kommt kein Vogelbeobachter herum. Die nachfolgende Zeichnung stellt die wichtigsten Partien vor.

Schematische Zeichnung eines Vogels

Illustriertes Register der Bestimmungsseiten

Die Legenden zum nachfolgenden Bild verweisen auf verschiedene Bestimmungsseiten. Für größere Körperpartien nennen wir mögliche Farben und die Seite, auf der Vögel mit diesem Merkmal vorgestellt werden.

Kopf
- Schwarz (S. 46 und 48) = Vögel mit schwarzen und weißen Partien am Kopf
- Schwarz und weiß (S. 46 und 48) = Vögel mit schwarzen und weißen Partien am Kopf
- Grau (S. 60 und 62) = Vögel mit grauer Partie am Kopf
- Braun (S. 72 und 74) = Bräunliche Vögel mit Streifen oder Tupfen
- Rostrot (S. 88) = Vögel mit rötlicher Partie am Kopf
- Rosafarben (S. 88) = Vögel mit rötlicher Partie am Kopf
- Rot (S. 88) = Vögel mit rötlicher Partie am Kopf
- Gelb (S. 82) = Vögel mit gelbem oder grünem Kopf
- Grün (S. 82) = Vögel mit gelbem oder grünem Kopf
- Blau (S. 92) = Mehrfarbige Vögel

Mantel
- Schwarz (S. 42 und 44) = Schwarz-weiße Vögel
- Grau (S. 56 und 58) = Vögel mit einfarbig grauem Mantel
- Braun (S. 72 und 74) = Bräunliche Vögel mit Streifen oder Tupfen
- Grün (S. 80) = Vögel mit grüner Oberseite
- Blau (S. 92) = Mehrfarbige Vögel

Kehle
- Schwarz (S. 28 und 30) = Vögel mit schwarzer Kehle

Wange
- Schwarz (S. 32 und 34) = Vögel mit schwarzer Wangenpartie
- Weiß (S. 46 und 48) = Vögel mit schwarzen und weißen Partien am Kopf
- Rot (S. 88) = Vögel mit rötlicher Partie am Kopf
- Gelb (S. 82) = Vögel mit gelbem oder grünem Kopf

Unterseite
- Schwarz (S. 26) = Vollständig schwarze Vögel
- Weiß (S. 42 und 44) = Schwarz-weiße Vögel
- Braun (S. 72 und 74) = Bräunliche Vögel mit Streifen oder Tupfen
- Rot (S. 84 und 86) = Vögel mit rötlicher Unterseite
- Orange (S. 84, 86 und 92) = Vögel mit rötlicher Unterseite; Mehrfarbige Vögel
- Rosafarben (S. 84, 86 und 92) = Vögel mit rötlicher Unterseite; Mehrfarbige Vögel
- Gelb (S. 78) = Vögel mit gelblicher Unterseite
- Grün (S. 78) = Vögel mit gelblicher Unterseite
- Blau (S. 92) = Mehrfarbige Vögel

Bestimmungsteil

Schwarze oder dunkle Wasservögel

Die Haltung der Vögel auf dem Wasser und ihre Ernährungsweise geben wichtige Hinweise für die Bestimmung.

Krähenscharbe

Reiner Meeres- und Küstenbewohner am Atlantik und Mittelmeer.

Krähenscharbe

➤ Seltener oder nur regional verbreitet: Reiherente (Weibchen), Tafelente (Weibchen), Schnatterente, Löffelente (Weibchen) Krickente (Weibchen), Prachttaucher, Sterntaucher, Trauerente, Samtente.

Kormoran

An Küsten, im Winter auch an Seen, Teichen und Flüssen. Häufig in Gruppen.

Stockente (Weibchen)

Häufig in Begleitung von Männchen. Die am weitesten verbreitete Entenart.

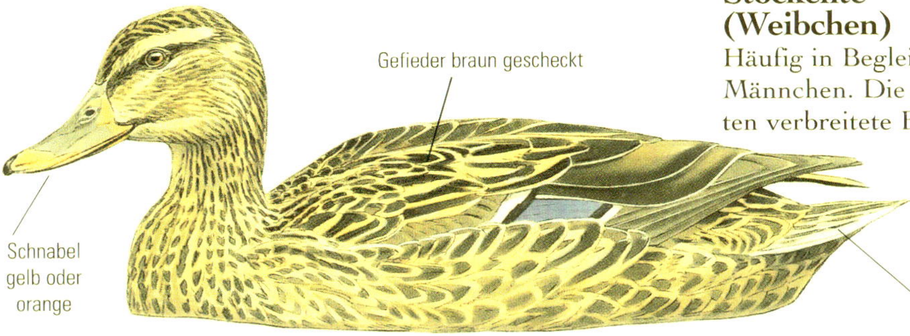

Teichhuhn

An Flüssen und Teichen. Versteckt sich häufig in der Ufervegetation.

Blässhuhn

Auf Seen, Teichen und langsamen Fließgewässern. Taucht nach Nahrung.

Zwergtaucher

An Flüssen, Seen, Teichen und Tümpeln. Taucht ständig.

Kormoran

Vollständig schwarze Vögel

Bei Vögeln ohne auffällig gefärbte Körperpartien tragen die Form des Schwanzes sowie die Form und Farbe des Schnabels zur Erkennung bei.

Star (Frühling)

Weit verbreitet, bildet im Herbst und Winter große Schwärme.

Einfarbstar (Frühling)

Im Mittelmeerraum, vor allem in Portugal, Spanien und Südwest-Frankreich.

Amsel

Die Einzelgänger bewegen sich hüpfend vorwärts, während Stare schreiten.

Dohle

In hohen Gebäuden wie Kirchtürmen und an Steilfelsen. Lebt gesellig.

Saatkrähe

Lebt in Kolonien auf Bäumen und sucht in Gruppen Futter auf Feldern.

➤ Siehe auch: Hausrotschwanz (S. 57), Blässhuhn (S. 25), Teichhuhn (S. 25), Kormoran (S. 24).

➤ Seltener zu beobachten: Alpenkrähe, Schwarzspecht, Trauersteinschmätzer, Fahlsegler, Ringdrossel, Blaumerle.

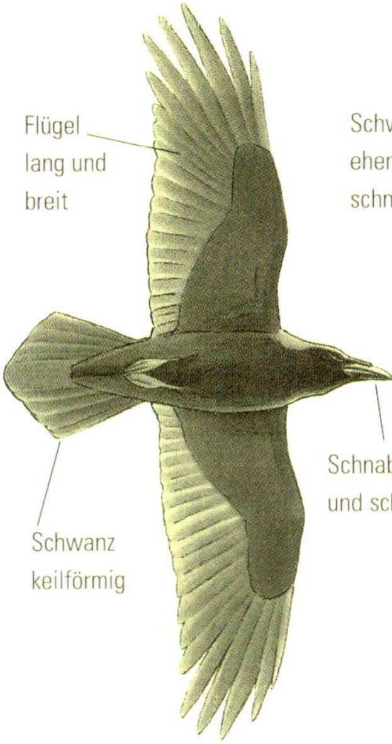

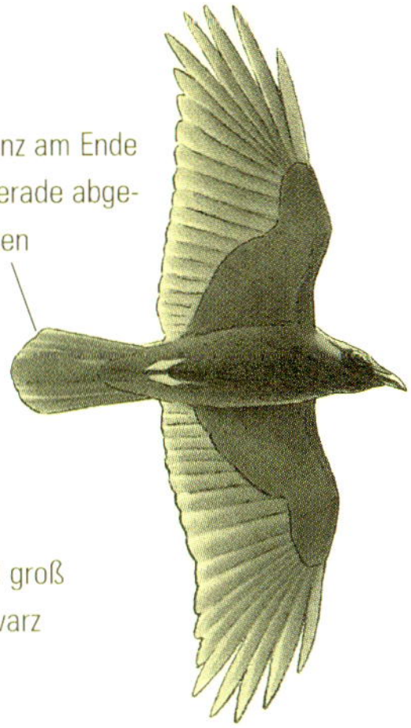

Rabenkrähe

Mauersegler
Von Ende April bis Anfang August in Europa, fast immer im Flug.

Kolkrabe
Lebt an Felsen, überwiegend im Gebirge, fast immer paarweise.

Alpendohle
Lebt stets in Gruppen und besiedelt Bergregionen.

Rabenkrähe
Einzeln oder paarweise überwiegend in der Kulturlandschaft.

Vögel mit schwarzer Kehle (1)

Form und Größe der farbigen Partien sind wichtige Anhaltspunkte für die Unterscheidung einzelner Arten.

Zaunammer
Vor allem im Süden häufig; in Hecken, Gärten und Strauchheide (Macchia).

Haussperling
Sehr verbreitet; überall in bewohnten Gegenden.

Feldsperling
Landbewohner, in Städten selten.

> ➤ Seltener zu beobachten:
> Weidensperling, Weidenmeise

Sumpfmeise
In dichten Laub- und Mischwäldern, oft in Wassernähe.

Haubenmeise
Lebt ausschließlich in Nadelwäldern.

Kohlmeise
Weit verbreitet, lebt fast überall in Wäldern, Hecken, Parks und Gärten.

Tannenmeise
Sehr kleiner Waldvogel, bevorzugt Nadelwälder.

Vögel mit schwarzer Kehle (2)

Je genauer man sich die farbigen Gefiederpartien ansieht, desto leichter und sicherer lässt sich der Vogel bestimmen.

Bachstelze

Bevorzugt einzeln stehende Gebäude wie Scheunen, Schuppen, Bauernhäuser.

„Trauerbachstelze“

Britische Unterart der Bachstelze. Vor allem im Winter im westlichen Europa.

Gebirgsstelze

An schnell fließenden Bächen und Flüssen.

➤ Siehe auch: Hausrotschwanz (S. 57), Erlenzeisig (S. 81).

➤ Seltener zu beobachten: Seidenschwanz, Birkenzeisig.

Schwarzkehlchen

Besiedelt Regionen mit hohem Gras oder Gebüsch sowie bewachsene Böschungen.

Kernbeißer

Der Waldvogel hält sich meist hoch oben in den Bäumen auf und ist dort nur schwer zu beobachten.

Gartenrotschwanz

In Parkanlagen, Gärten, Obstgärten und lichten Wäldern.

Mittelmeer-Steinschmätzer

Nur im Süden Europas, auf Kalkplateaus, an Steilfelsen und in der Macchia.

Vögel mit schwarzer Wangenpartie (1)

Jahreszeit oder Datum spielen bei der Bestimmung ebenfalls eine wichtige Rolle. So wird man etwa einen Zugvogel außerhalb seiner üblichen Aufenthaltszeiten kaum zu Gesicht bekommen.

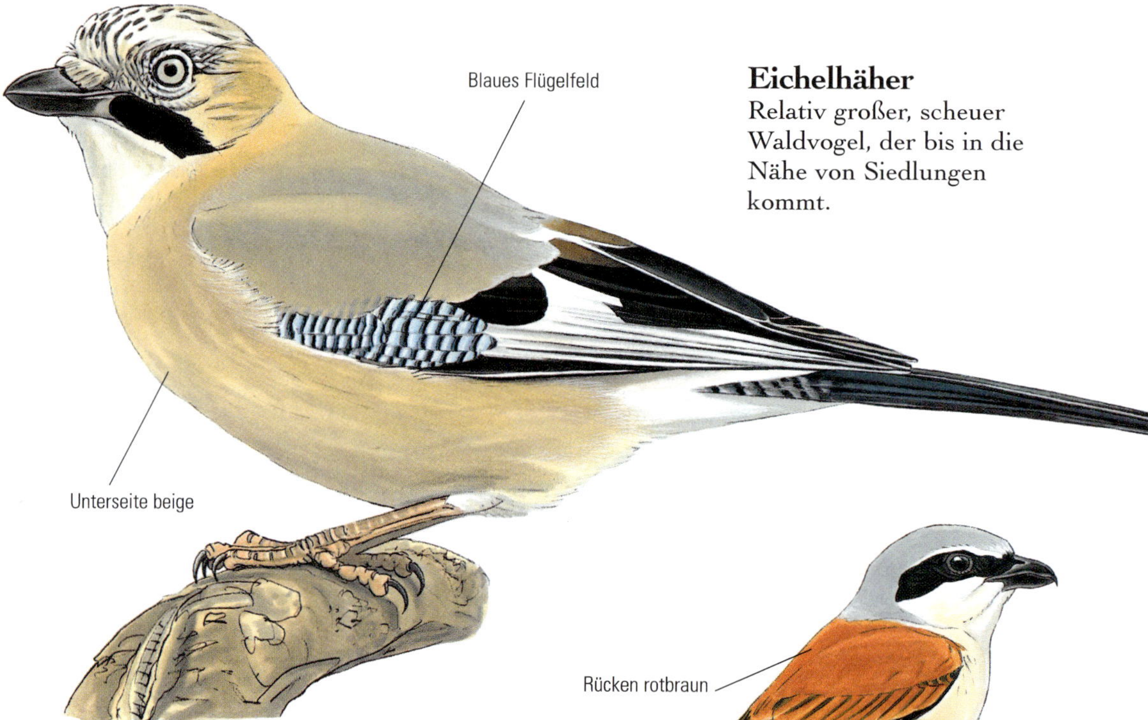

Eichelhäher

Relativ großer, scheuer Waldvogel, der bis in die Nähe von Siedlungen kommt.

> ➤ Siehe auch: Misteldrossel (S. 73), Singdrossel (S. 72), Bienenfresser (S. 93).
>
> ➤ Seltener oder nur regional verbreitet: Ohrenlerche, Schwarzstirnwürger.

Neuntöter

Lebt in ländlichen Regionen mit Hecken und einzeln stehenden Büschen.

Mittelmeer-Raubwürger

Lebt im Mittelmeerraum und auf der Iberischen Halbinsel in Weinbergen, in der Macchia und auf Feldern.

Raubwürger

Bevorzugt Kulturlandschaft, die durch Hecken und Gehölz reich strukturiert ist.

Rotkopfwürger

Hauptsächlich im Mittelmeerraum in lichten Wäldern, in der Macchia und auf Feldern.

Feldsperling

Lebt in ländlichen Regionen auf Feldern und in Obstgärten.

Vögel mit schwarzer Wangenpartie (2)

Bei Vögeln mit schwarzer Wangenpartie sollte man darauf achten, ob der schwarze Bereich auch Augen, Schnabel oder Nacken umfasst.

Steinschmätzer

Kommt überall in Europa in offener Landschaft vor.

Mittelmeer-Steinschmätzer

Beschränkt auf das südliche Europa; kommt in steinigem Gelände mit kurzem Gras vor.

Zaunammer

Überwiegend in Hecken, Gärten und der Macchia.

➤ Siehe auch: Stieglitz (S. 46), Braunkehlchen (S. 48), Gartenrotschwanz (S. 57).

➤ Seltener oder nur regional verbreitet: Zippammer, Korsenkleiber, Beutelmeise, Bartmeise.

Sommergoldhähnchen

Zählt zu den kleinsten Vögeln Europas. Lebt in Büschen und Nadelbäumen; sehr munter.

Kleiber

Klettert akrobatisch an Stämmen und Ästen, auch kopfabwärts.

Haubenmeise

Besiedelt Wälder und Gebirge mit Nadelwaldbestand.

Blaumeise

Lebt in Wäldern, in der Kulturlandschaft und in städtischen Parks.

Große Vögel mit langen Beinen

Form, Länge und Farbe des Schnabels sowie der Beine geben wichtige Hinweise, die die Bestimmung erleichtern.

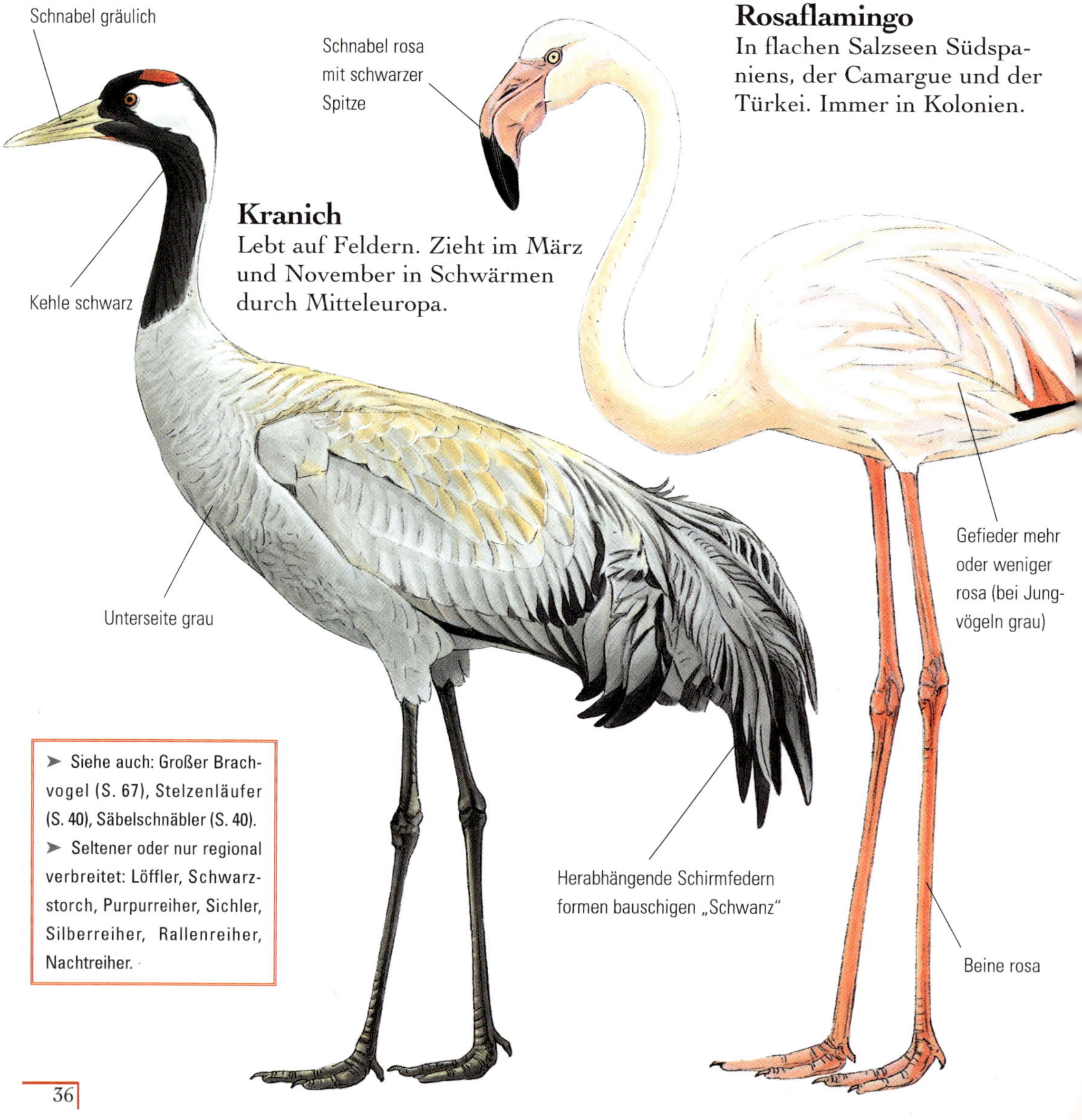

Rosaflamingo

In flachen Salzseen Südspaniens, der Camargue und der Türkei. Immer in Kolonien.

Kranich

Lebt auf Feldern. Zieht im März und November in Schwärmen durch Mitteleuropa.

➤ Siehe auch: Großer Brachvogel (S. 67), Stelzenläufer (S. 40), Säbelschnäbler (S. 40).

➤ Seltener oder nur regional verbreitet: Löffler, Schwarzstorch, Purpurreiher, Sichler, Silberreiher, Rallenreiher, Nachtreiher.

Kuhreiher
Lebt im Süden in der Nähe von Viehherden. Sehr gesellig.

Seidenreiher
An Küsten, Teichen und in Sümpfen. Bevorzugt seichte Gewässer.

Graureiher
An See- und Flussufern, im Winter auch auf Feldern.

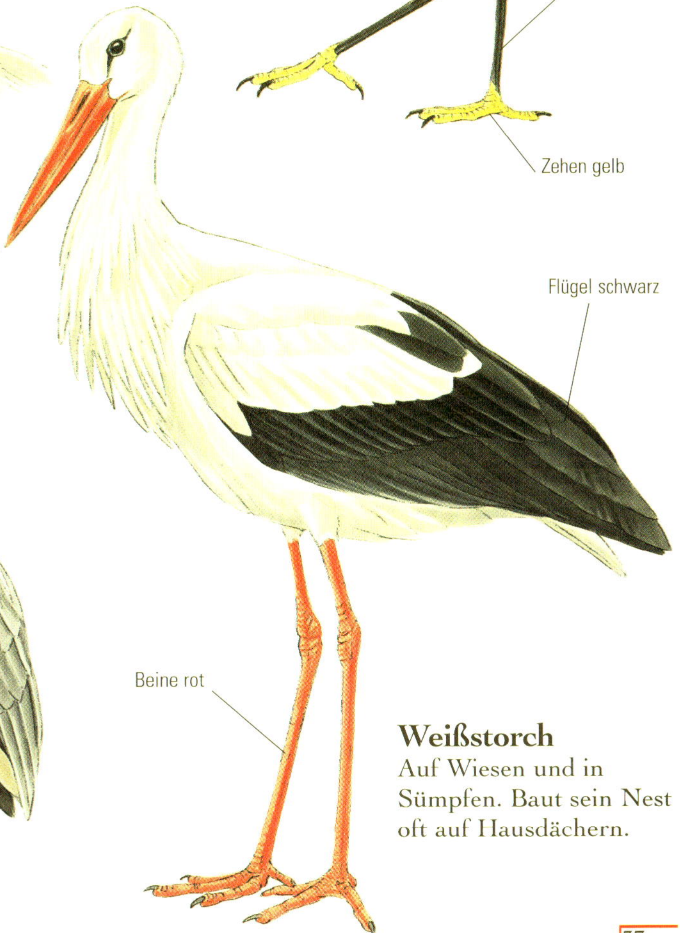

Weißstorch
Auf Wiesen und in Sümpfen. Baut sein Nest oft auf Hausdächern.

Große Wasservögel im Flug

Bei ungünstigen Lichtverhältnissen lässt sich die Gefiederfärbung oft nicht genau erkennen. Dann geben bei großen Vögeln im Flug auch die Haltung des Halses und die Länge der Beine wertvolle Hinweise.

Graureiher

Seidenreiher

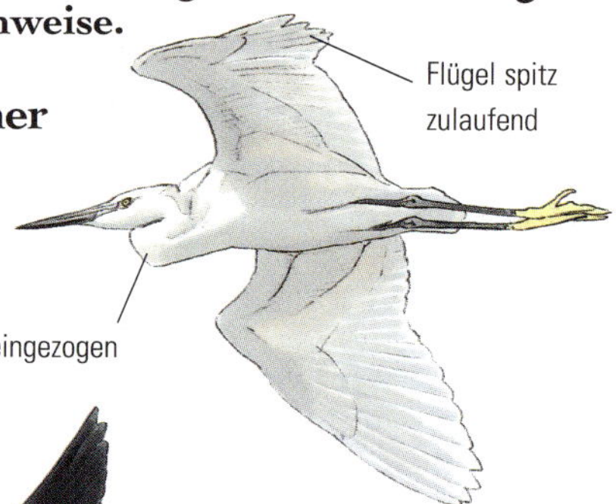

Brandgans

Kormoran

Graugans

Kormoran (Winter)

Höckerschwan

➤ Seltener oder nur regional verbreitet: Löffler, Purpurreiher, Silberreiher, Kuhreiher, Krähenscharbe, Rosapelikan, Sichler, weitere Gänse- und Möwenarten.

Schwarzstorch
Unterseite und Flügelansätze weiß
Hals gestreckt
Kranich
Hinterer Teil des Flügels schwarz
Weißstorch
Flügelunterseite grau und schwarz
Beine rosa
Oberseite weiß
Oberseite grau
Kopf gelblich
Silbermöwe
Basstölpel
Mittelmeermöwe
Beine gelb
Flügel schwarz und rosa
Hals lang und nach unten abfallend
Rosaflamingo
Beine sehr lang

Mittelgroße schwarz-weiße Watvögel

Diese Vögel haben unterschiedlich lange Beine und Schnäbel. Sie leben bevorzugt in schlammigen Gebieten um Flussmündungen und Seen.

Säbelschnäbler

Bevorzugt in Küstengebieten; im Landesinneren selten.

Stelzenläufer

Vor allem in Süd- und Westeuropa in Steppenseen und Salinen.

Flussregenpfeifer

Bevorzugt Kiesflächen am und im Wasser wie z. B. Flussinseln und Kiesgruben.

Kiebitz

Lebt in Marschen und auf Wiesen, im Winter in großen Schwärmen auf Feldern.

Austernfischer

An Küsten, Flussmündungen und in Marschen.

- Siehe auch: Rotschenkel (S. 71), Flussuferläufer (S. 71).
- Seltener oder nur regional verbreitet: Sandregenpfeifer, Seeregenpfeifer, Kampfläufer, Waldwasserläufer.

Schwarz-weiße Vögel (1)

Häufig dient auch der Lebensraum, in dem man einen Vogel beobachtet, als wichtiger Anhaltspunkt für die Bestimmung.

Rotkopfwürger

Deutlich kleiner als eine Elster; vor allem im Süden weit verbreitet.

Elster

Verwechslung nahezu ausgeschlossen. Häufig paarweise in nächster Nähe zu bewohnten Häusern.

➤ Siehe auch: Raubwürger (S. 33), Mittelmeer-Raubwürger (S. 33), Alpensegler (S. 64), Wiedehopf (S. 92).

➤ Seltener oder nur regional verbreitet: Mittelspecht, Ringdrossel, Tannenhäher, Häherkuckuck.

Kleinspecht

Diese Spechtart wird nur so groß wie eine Meise. In Gehölzen, Pappelhainen und Parkanlagen.

Buntspecht

Hält sich immer in der Nähe großer Bäume auf. Klopft an Stämmen und Ästen nach Futter.

Wasseramsel

Nur an Bach- und Flussufern. Sitzt häufig auf Steinen im Fluss.

Schwarz-weiße Vögel (2)

Bei diesen Vögeln sind Form und Länge des Schwanzes wichtige Bestimmungsmerkmale. Sie sollten unbedingt notiert werden!

Mehlschwalbe

Lebt in Dörfern und Städten an den Fassaden von großen Gebäuden. Koloniebrüter.

Rauchschwalbe

Meist auf dem Land, häufig im Flug. Sitzt gern auf Stromleitungen.

Mehl-schwalbe

Rauch-schwalbe

Trauerschnäpper

Zugvogel, nur von Mai bis September in seinem Brutgebiet. Bevorzugt Hecken und Gärten.

Tannenmeise

Lebhafter kleiner Vogel. Häufig in kleinen Trupps in Nadelbäumen.

Schwanzmeise

Sehr kleiner Vogel mit auffällig langem Schwanz. Wirkt flaumig, meist in größeren Trupps.

„Trauerbachstelze"

Britische Unterart der Bachstelze auf den Britischen Inseln, in Nordfrankreich und an der Nordseeküste Mitteleuropas.

➤ Siehe auch: Kohlmeise (S. 29), Uferschwalbe (S. 50), Mauersegler (S. 27), Rohrammer (S. 48).

➤ Seltener oder nur regional verbreitet: Halsbandschnäpper, Rötelschwalbe, Schneeammer.

Bachstelze

Meist auf dem Boden oder auf Dächern anzutreffen. Wippt häufig mit dem Schwanz.

Vögel mit schwarzen und weißen Partien am Kopf (1)

Man sollte stets überprüfen, ob Datum, Ort und Lebensraum auf die Vogelart, die man identifiziert hat, überhaupt zutreffen können.

Sumpfmeise
Lebt in dichten Laub- und Mischwäldern, häufig in Wassernähe.

Stieglitz
In distelreichen Gegenden im Winter in Schwärmen.

Sommergoldhähnchen
Sehr klein und lebhaft; in Büschen und auf Nadelbäumen.

Feldsperling
In Städten selten anzutreffen.

➤ Siehe auch: Haussperling (S. 60), Spechte (S. 89).

➤ Seltener oder nur regional verbreitet: Weidenmeise, Beutelmeise, Steinsperling.

Tannenmeise
Kommt nur in Nadelwäldern vor.

Haubenmeise
Ausschließlich in Nadelgehölzen und -wäldern.

Kohlmeise
Die am weitesten verbreitete Meisenart lebt in Wäldern, Kulturlandschaften und Städten.

Blaumeise
Sitzt meist hoch oben in Bäumen, im Winter auch im Schilf.

Vögel mit schwarzen und weißen Partien am Kopf (2)

Bei ungünstigen Lichtverhältnissen, z.B. bei Gegenlicht, lassen sich Farben und Kontraste oft schlecht erkennen.

Schwanzmeise
Sieht aus wie ein kleiner Flaumball mit langem Schwanz.

Braunkehlchen
Wiesen und Sümpfe mit hoher Vegetation. Sitzt oft auf trockenen Halmen.

Rohrammer
In Feuchtgebieten mit Binsen, Schilf und Weiden.

„Trauerbachstelze"
Britische Unterart der Bachstelze.

Bachstelze
Sitzt auf dem Boden oder auf Dächern; wippt häufig mit dem Schwanz.

➤ Siehe auch: Schwarzkehlchen (S. 31), Stieglitz (S. 88).

➤ Seltener oder nur regional verbreitet: Schwarzstirnwürger, Zippammer, Halsbandschnäpper.

Raubwürger

Brutvogel in Nord- und Mitteleuropa; bevorzugt Kulturlandschaften mit Hecken und Gehölzen.

Mittelmeer-Raubwürger

Im Mittelmeerraum. Sitzt gern auf Stromleitungen und im Gebüsch.

Rotkopfwürger

Überwiegend in Südeuropa in lichten Wäldern, in der Macchia und auf Feldern.

Neuntöter

Sitzt weithin sichtbar auf seiner Warte; besiedelt strukturreiche Kulturlandschaft mit Hecken und Gehölzen.

Verbreitete schwarz-weiße Vögel im Flug

Fliegende Vögel sind schnell und bewegen sich, daher sind sie oft nur schwer zu identifizieren. Wichtige Hilfestellungen bei der Bestimmung können jedoch die äußeren Umrisse geben.

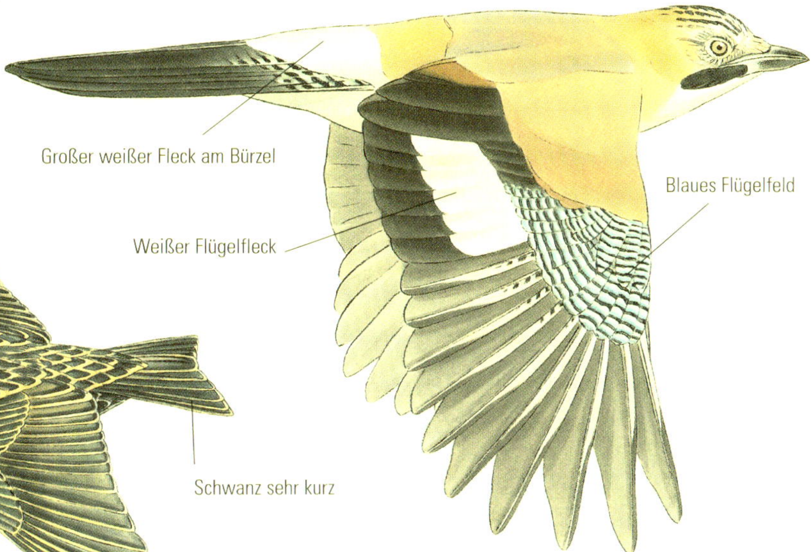

➤ Siehe auch: Alpensegler (S. 64), Wiedehopf (S. 86).

➤ Seltener oder nur regional verbreitet: Schneefink, Rötelschwalbe.

Große graue Vögel

Die Größe eines Vogels lässt sich besser einschätzen, wenn man ihn mit bekannten Arten wie Sperling, Amsel oder Taube vergleicht.

Felsentaube

Stammform der Haustaube, lebt vorwiegend im westlichen und südlichen Europa.

Ringeltaube

Die Vögel wandern im Frühjahr und Herbst in Schwärmen.

➤ Siehe auch: Nebelkrähe (S. 65), verschiedene Möwenarten (S. 54).

➤ Seltener oder nur regional verbreitet: Hohltaube, Häherkuckuck.

Turteltaube

Von April bis September auf Feldern mit Hecken und Gehölzen.

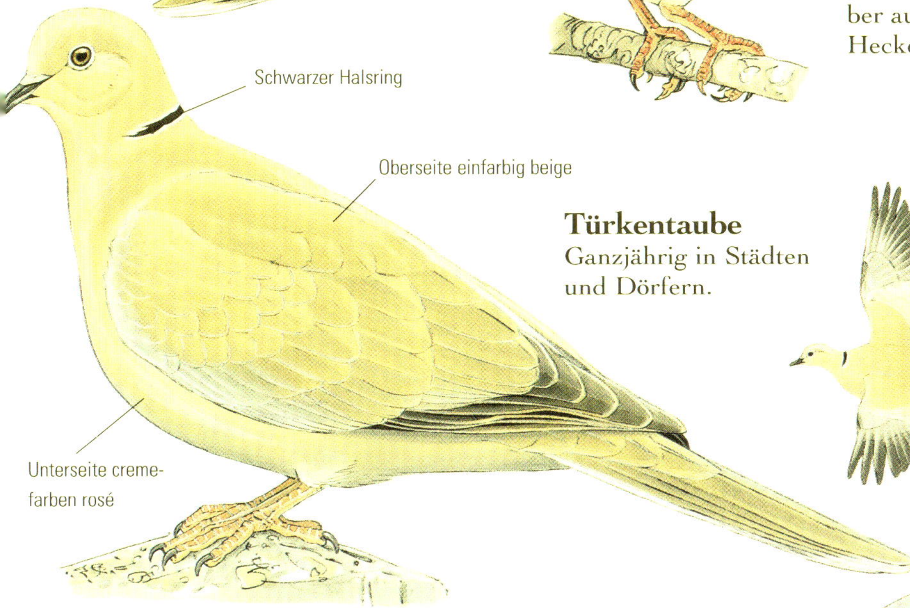

Türkentaube

Ganzjährig in Städten und Dörfern.

Kuckuck

Den weit verbreiteten Vogel hört man häufiger, als man ihn sieht.

Große weiß-graue Vögel

Um Möwen und Seeschwalben zu bestimmen, sollte man besonders auf die Grautönung des Gefieders sowie auf die Farbe von Schnabel und Beinen achten.

Brandseeschwalbe

Brütet ausschließlich an Küsten und kommt nur ausnahmsweise ins Binnenland.

Flussseeschwalbe

Kommt nicht nur an Küsten vor, sondern auch im Binnenland an großen Seen und Flüssen.

Lachmöwe

Überall am Wasser: an Küsten ebenso wie an Flüssen, Teichen und in Sümpfen.

> ➤ Seltener oder nur regional verbreitet: Küsten- und Zwergseeschwalbe, Sturmmöwe, Dreizehenmöwe, Schwarzkopfmöwe, Zwergmöwe, Dünnschnabelmöwe

Silbermöwe

Brütet an Nord- und Ostsee; im Winter zunehmend im Binnenland zu finden.

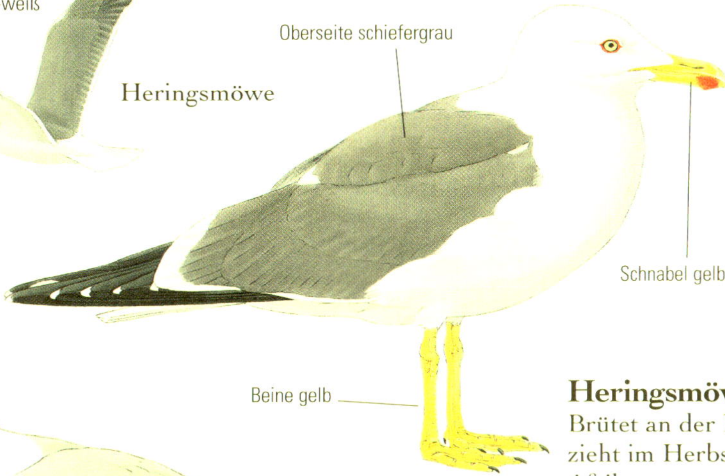

Heringsmöwe
Brütet an der Nordsee; zieht im Herbst nach Afrika.

Mittelmeermöwe
Nicht nur an Küsten, sondern auch an Binnengewässern zu finden.

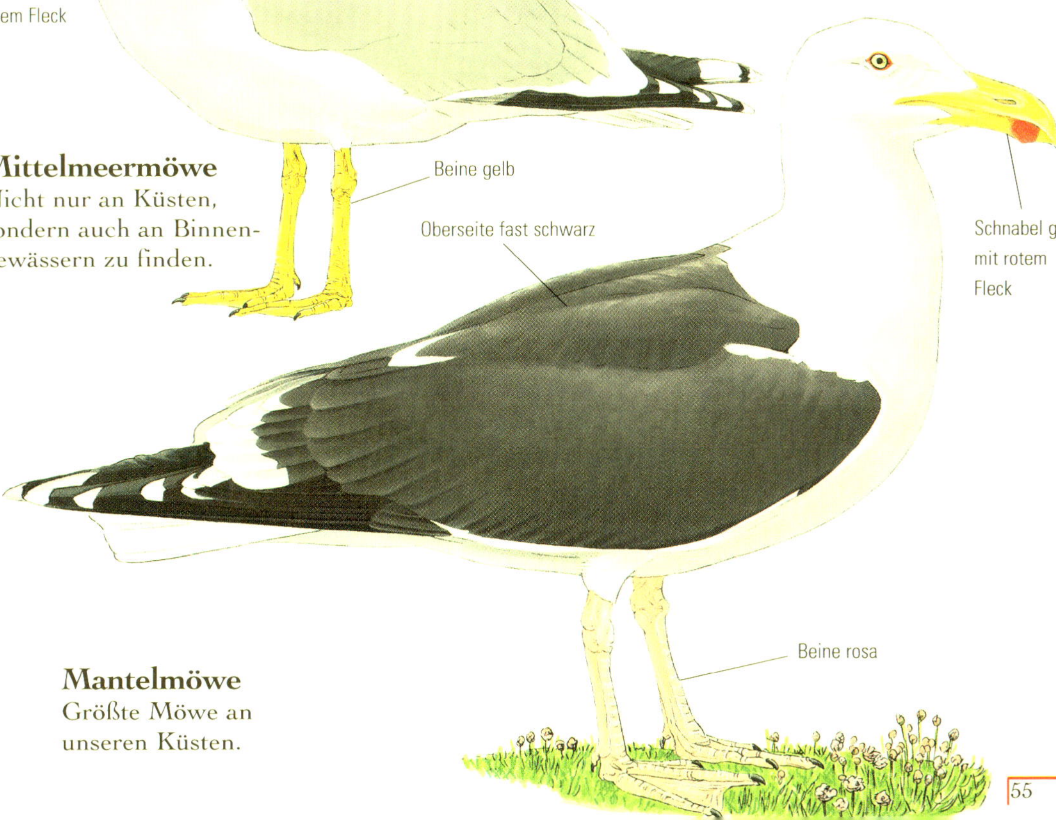

Mantelmöwe
Größte Möwe an unseren Küsten.

Vögel mit einfarbig grauem Mantel (1)

Die Grautönung eines Vogels wirkt bei bedecktem Himmel ganz anders als bei Sonnenschein. Deshalb sollte man auch auf die Lichtverhältnisse achten.

Raubwürger

Größter Würger, sitzt häufig völlig offen und von weithin sichtbar auf seiner Warte.

Mittelmeer-Raubwürger

Nur in Südeuropa. Sitzt offen auf einer Buschspitze, einem Baum oder Leitungsdraht.

Steinschmätzer

Auf Almen, Heiden, steinigen Weiden und Kalkplateaus sitzt der Vogel auf Steinen oder dem Boden.

> ➤ Siehe auch: Grauschnäpper (S. 74), Kuckuck (S. 53).
>
> ➤ Seltener oder nur regional verbreitet: Schwarzstirnwürger, Mauerläufer.

Gartenrotschwanz

Lebt in Obsthainen, lichten Wäldern und Gärten mit Bäumen.

Hausrotschwanz

In Siedlungen und im Hochgebirge. Zuckt häufig mit dem Schwanz.

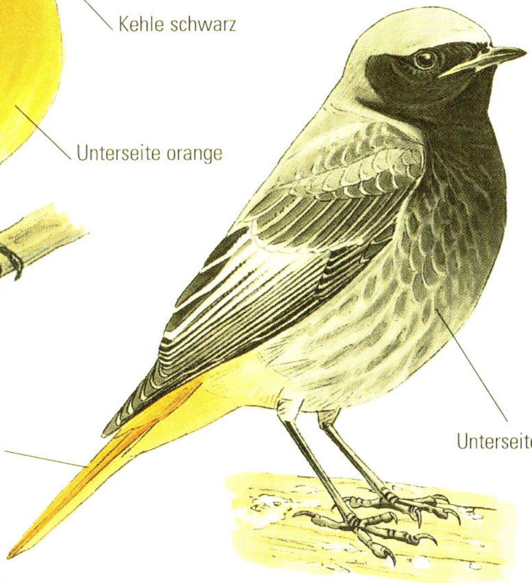

Gebirgsstelze

Immer am Ufer von Bächen und Flüssen. Wippt meist mit dem Schwanz.

Bachstelze

Sitzt meist auf dem Boden oder auf Gebäuden, selten auf Bäumen.

Vögel mit einfarbig grauem Mantel (2)

Bei der Bestimmung einer Art hilft es, wenn man darauf achtet, ob der Vogel hüpft oder läuft und wo er sich niederlässt.

Mönchsgrasmücke

Sitzt häufig gut versteckt zwischen Blättern von Bäumen und Büschen.

Samtkopf-Grasmücke

Lebt nur im Mittelmeerraum in Strauchheide, Macchia und Gärten.

Gimpel

Großer, kompakter Vogel. Lebt an Waldrändern und in Gestrüpp.

➤ Seltener oder nur regional verbreitet: Weidenmeise, Gartengrasmücke, Klappergrasmücke, Korsenkleiber.

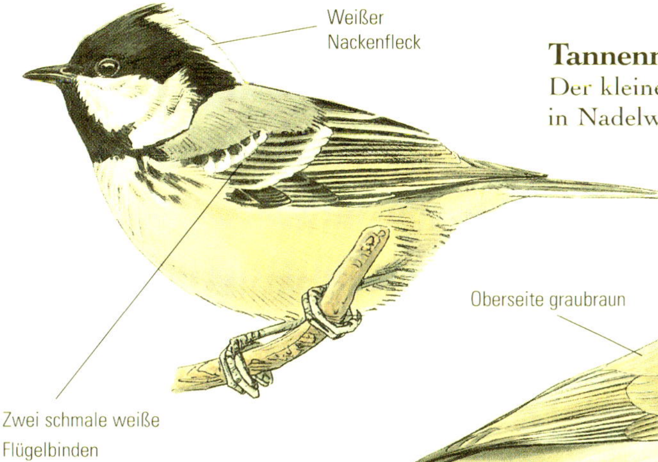

Tannenmeise
Der kleine, lebhafte Vogel ist in Nadelwäldern zu Hause.

Sumpfmeise
In Laub- und Mischwäldern, oft in Wassernähe.

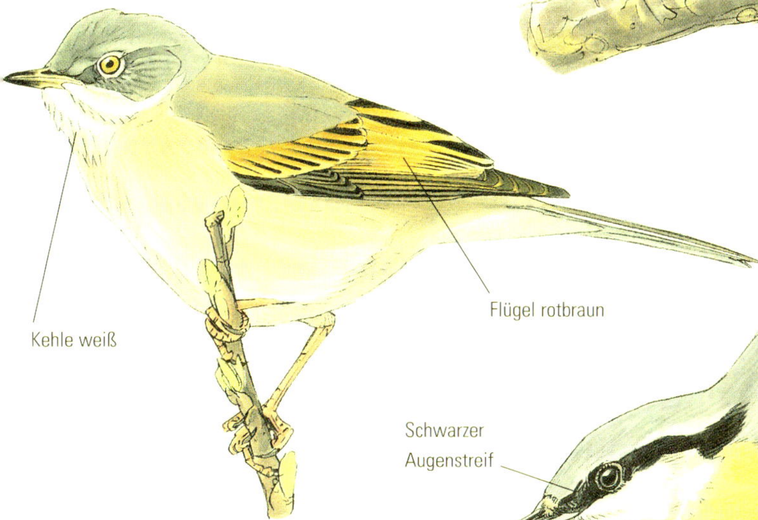

Dorngrasmücke
In buschreichem, sonnigem Gelände, meist in niedrigen Büschen.

Kleiber
Klettert mit dem Kopf voran Baumstämme und Äste hinunter.

Vögel mit grauer Partie am Kopf (1)

Manche Vogelarten sind eng an bestimmte Lebensräume gbunden, andere wechseln sie mehrfach oder je nach Jahreszeit.

Buchfink
Sitzt meist auf Bäumen, im Winter auch auf Feldern am Boden.

Heckenbraunelle
Sitzt fast immer am Boden unter Büschen. Singt meist von Baum- oder Buschspitzen aus.

Haussperling
Überall von den Küsten bis zum Gebirge anzutreffen; stets in der Nähe bewohnter Häuser.

➤ Siehe auch: Bergfink (S. 85), Hausrotschwanz (S. 57).

➤ Seltener oder nur regional verbreitet: Zitronengirlitz, Schneefink, Klappergrasmücke, Weißbart-Grasmücke, Alpenbraunelle.

Gartenrotschwanz

In Parks, Gärten, Obsthainen und lichten Wäldern. Zuckt häufig mit dem Schwanz.

Kleiber

Klettert mit dem Kopf voran Baumstämme hinab.

Bluthänfling

Meist paarweise oder in Scharen auf Brachland, in Heidelandschaften an der Küste sowie in Weinbergen anzutreffen.

Dorngrasmücke

In Büschen auf sonnigem Terrain. Sitzt eher selten auf Bäumen.

Vögel mit grauer Partie am Kopf (2)

Die meisten Vögel rufen oder singen auf charakteristische Weise. Es dauert zwar seine Zeit, bis man die Stimmen kennt, dann aber lassen sich die Arten leicht auseinander halten.

Neuntöter

Sitzt in der Kulturlandschaft meist auf Büschen, Pfählen oder Stromleitungen.

Steinschmätzer

In Europa nur zwischen März und Oktober in offener Landschaft anzutreffen.

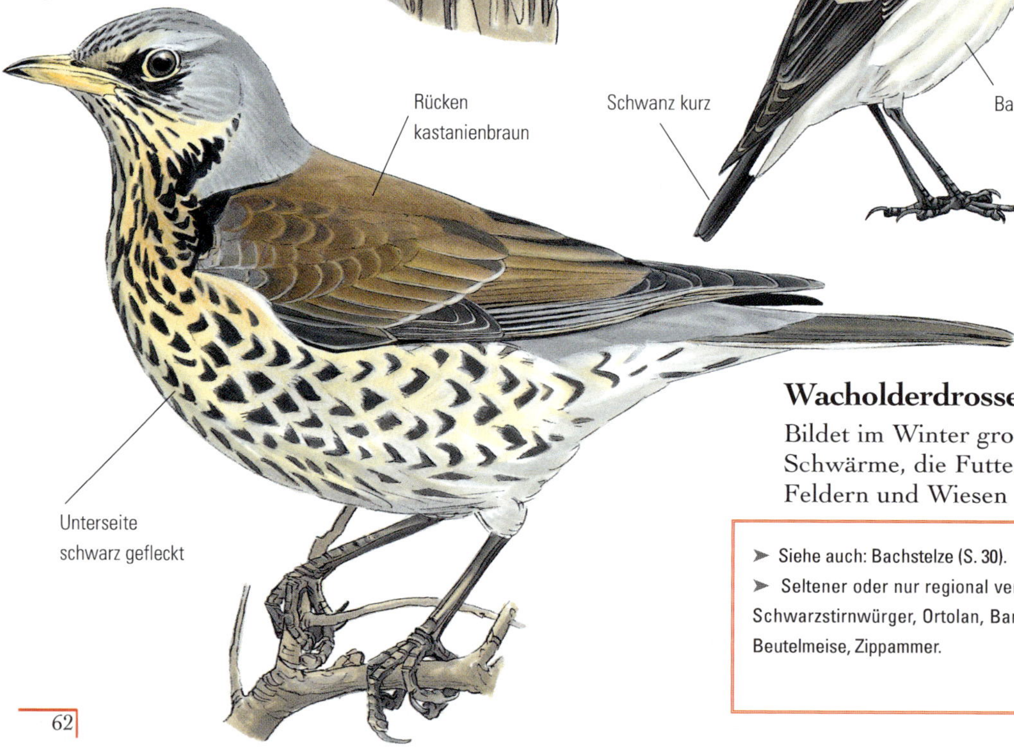

Wacholderdrossel

Bildet im Winter große Schwärme, die Futter auf Feldern und Wiesen suchen.

➤ Siehe auch: Bachstelze (S. 30).

➤ Seltener oder nur regional verbreitet: Schwarzstirnwürger, Ortolan, Bartmeise, Beutelmeise, Zippammer.

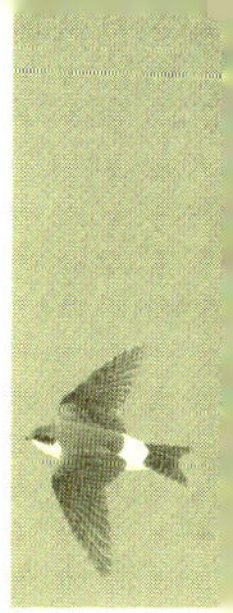

Raubwürger

Brütet in Nord- und Mitteleuropa. Wirkt von fern hell.

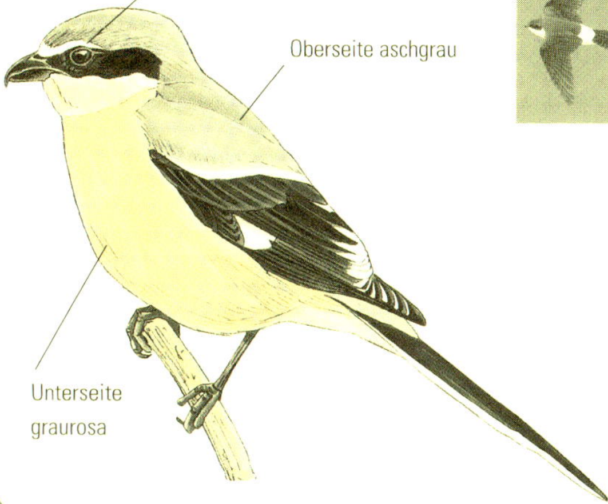

Mittelmeer-Raubwürger

Brütet auf der Iberischen Halbinsel und in Südfrankreich. Sitzt weithin sichtbar auf seiner Warte.

Gebirgsstelze

Am Ufer schnell fließender Gewässer. Wippt fast ständig mit dem Schwanz.

Schafstelze

Von April bis September bevorzugt auf Feuchtwiesen.

Überwiegend braune oder graue Vögel

Es ist manchmal schwierig, die Farbe dunkler Vögel genau zu definieren. Man sollte daher besonders auf Farbkontraste und die Form der Tiere achten.

Felsenschwalbe

Fliegt in Bergregionen unablässig an Felsen entlang.

Uferschwalbe

In Gebieten mit Sandsteinfelsen, stets in Wassernähe.

Alpensegler

Bergregionen mit Schluchten. Verbringt die meiste Zeit seines Lebens im Flug.

Mönchsgrasmücke

An Waldrändern, in Hecken, Gehölzen, Parks und Gärten mit Bäumen.

Hausrotschwanz

In felsigem Gelände, aber auch in Dörfern und Städten. Sitzt häufig auf Dächern.

Nebelkrähe

Im östlichen Teil Europas lebende Verwandte der Rabenkrähe.

➤ Siehe auch: Bräunliche Vögel mit Streifen oder Tupfen (S. 72–75), Sumpfmeise (S. 29).

➤ Seltener oder nur regional verbreitet: Fahlsegler, Gartengrasmücke, Nachtigall, Teichrohrsänger.

Große Vögel auf Äckern und Feldern

Die großen Vögel, die auf Feldern am Boden leben, sind meist sehr scheu. Wenn Menschen sich nähern, verstecken sie sich oder flüchten sofort.

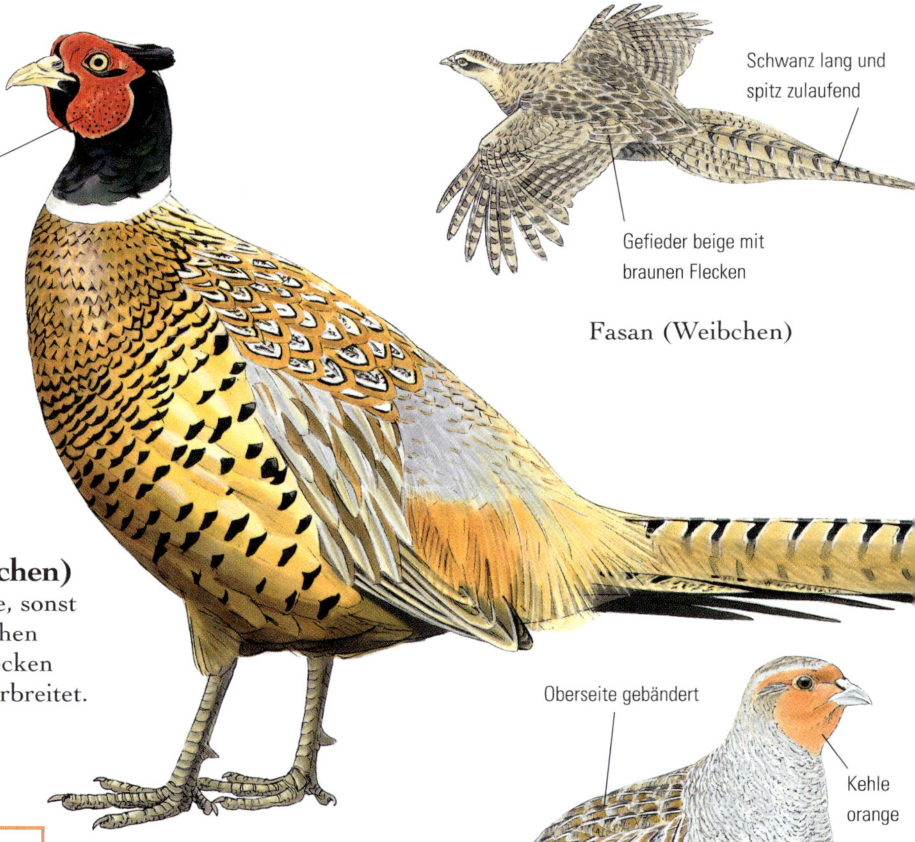

Fasan (Weibchen)

Fasan (Männchen)
Nicht im Gebirge, sonst überall in ländlichen Regionen mit Hecken und Gehölzen verbreitet.

➤ Siehe auch: Teichhuhn (S. 25), Blässhuhn (S. 25).
➤ Seltener oder nur regional verbreitet: Wachtel, Wachtelkönig, Zwergtrappe, Triel, Regenbrachvogel, Uferschnepfe.

Rebhuhn
Fast überall in Europa weit verbreitet in ländlichen Regionen.

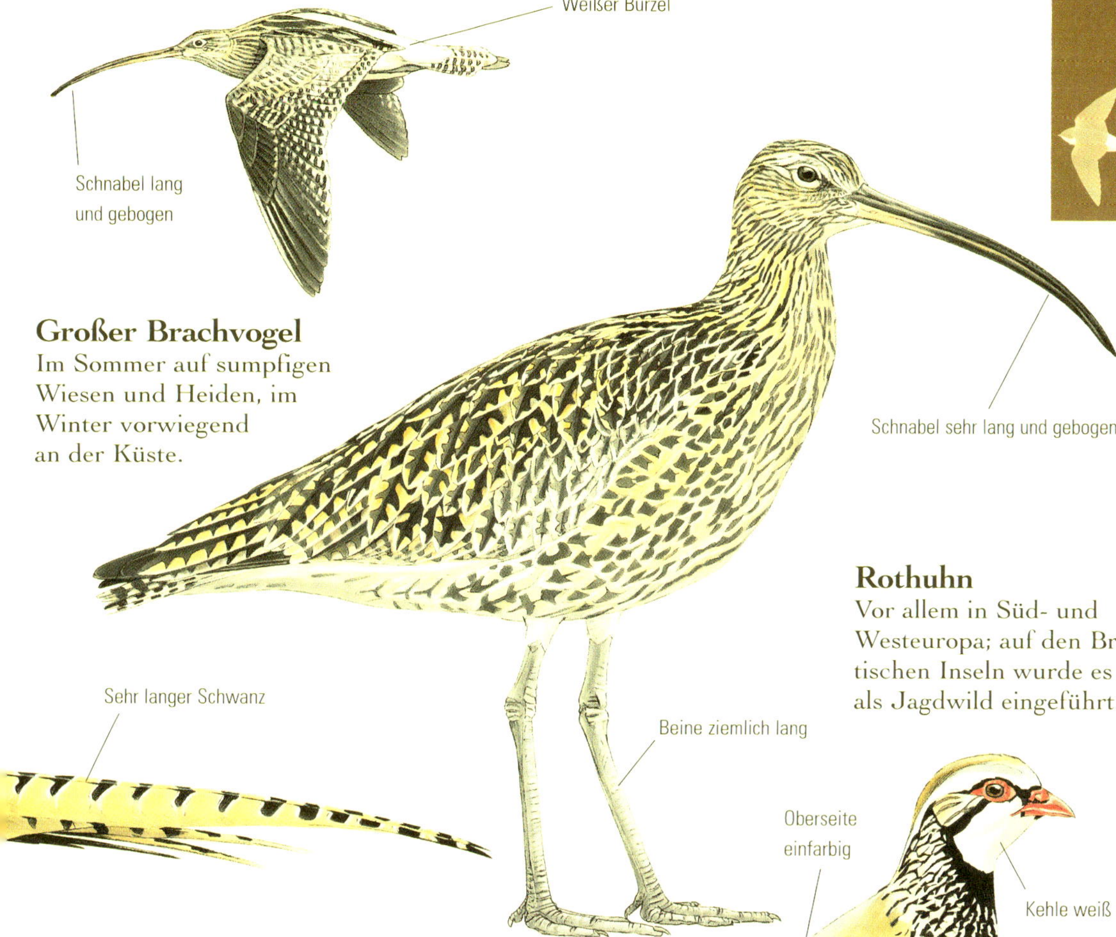

Großer Brachvogel

Im Sommer auf sumpfigen Wiesen und Heiden, im Winter vorwiegend an der Küste.

Rothuhn

Vor allem in Süd- und Westeuropa; auf den Britischen Inseln wurde es als Jagdwild eingeführt.

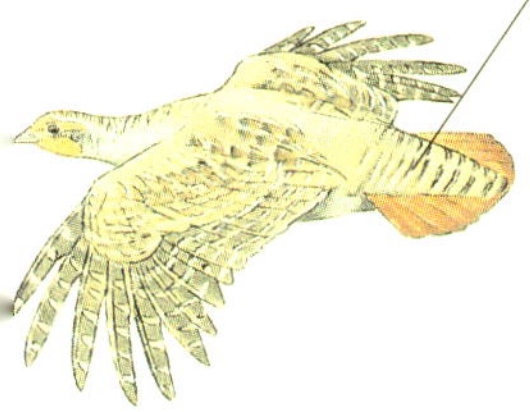

Rebhuhn

Rothuhn

Nachtaktive Vögel

Tagsüber bekommt man Eulen und Käuze höchstens durch Zufall zu Gesicht. Nachts sieht man sie manchmal im Licht einer Laterne oder eines Autoscheinwerfers.

Zwergohreule
Vor allem im Mittelmeerraum in Dörfern, Alleen und Olivenhainen.

Steinkauz
Manchmal tagaktiv; in Obstgärten, an Feldern und Dörfern.

➤ Seltener oder nur regional verbreitet: Uhu, Sumpfohreule, Waldschnepfe, Ziegenmelker, Triel.

Waldkauz
Den am weitesten verbreiteten Kauz sieht man nur sehr selten.

Schleiereule

Waldohreule

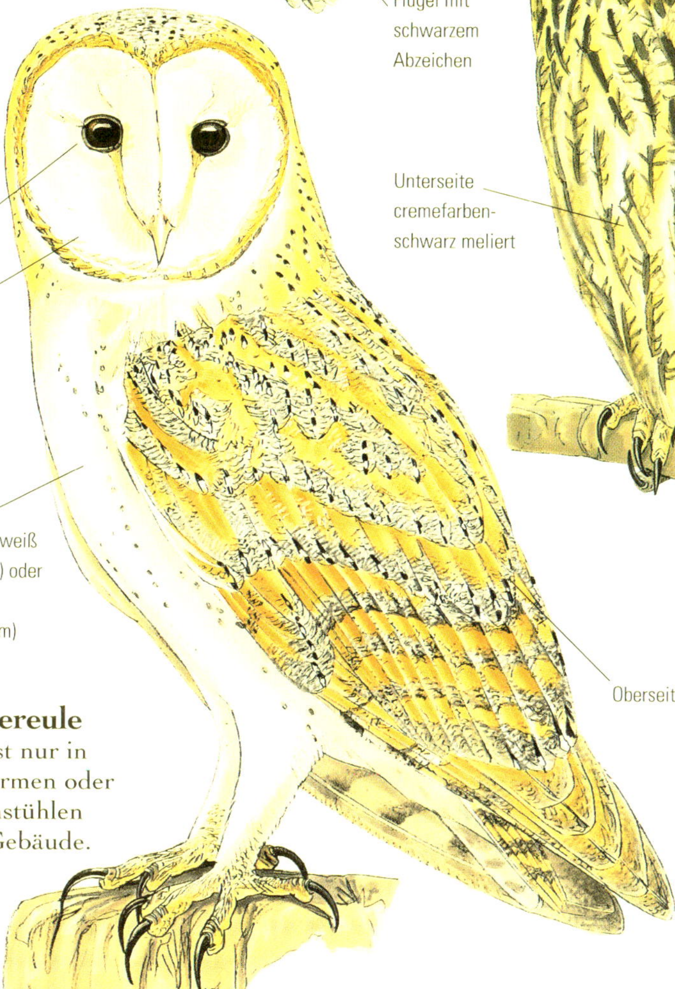

Schleiereule

Lebt fast nur in Kirchtürmen oder in Dachstühlen hoher Gebäude.

Waldohreule

In Wäldern und Gehölzen; sitzt häufig auf Zaunpfählen am Straßenrand.

Mittelgroße graue oder braune Watvögel

Viele Watvögel rasten im Frühjahr und Herbst in Westeuropa an der Atlantikküste. Die meisten nisten in der Arktis.

Alpenstrandläufer

Im Winter zahlreich an der Küste im schlammigen Ufer von Buchten und Mündungen.

Großer Brachvogel

In Mittel-, Nord- und Osteuropa auf Feuchtwiesen und Brachen, in Mooren und Sümpfen.

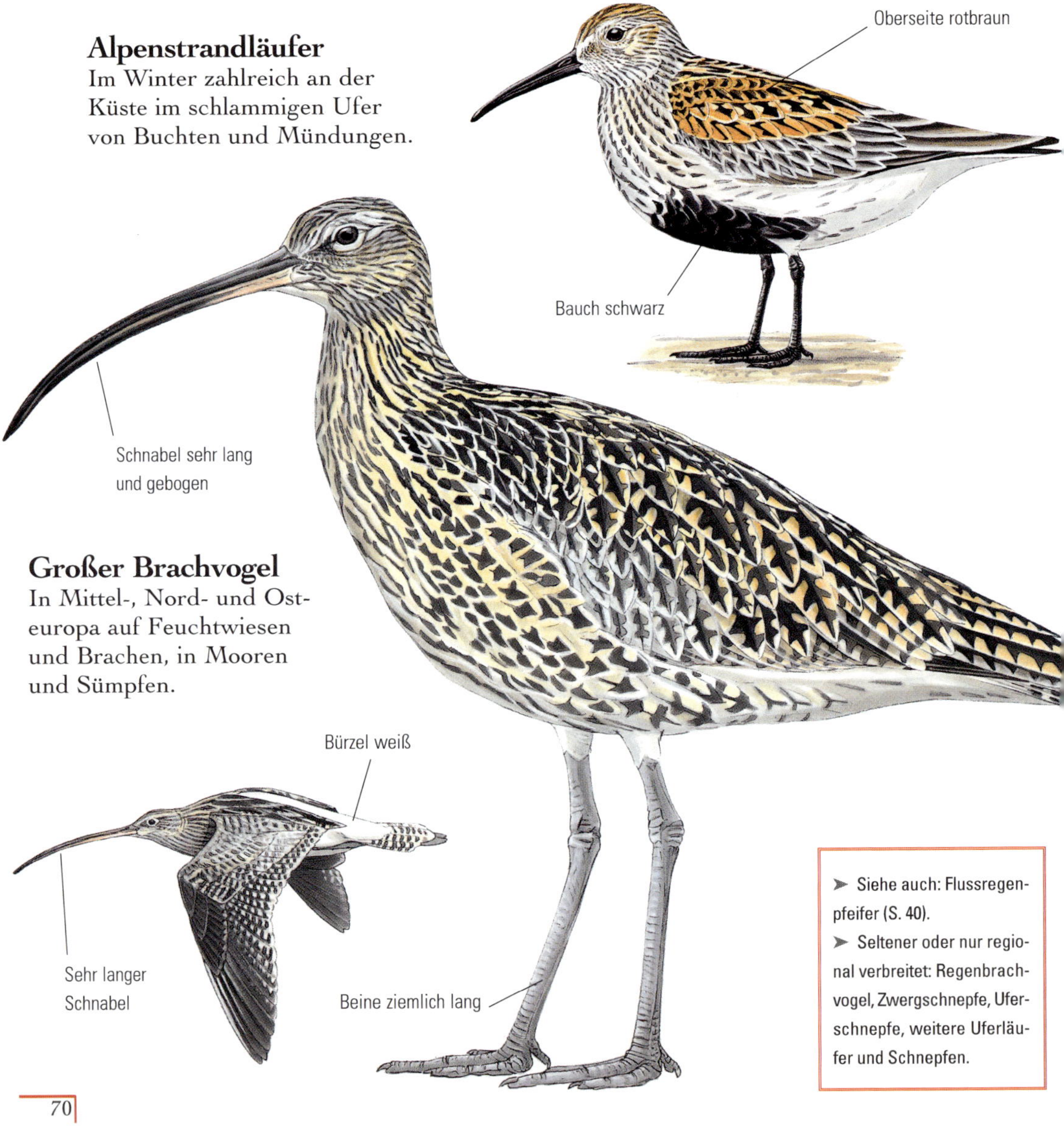

➤ Siehe auch: Flussregenpfeifer (S. 40).

➤ Seltener oder nur regional verbreitet: Regenbrachvogel, Zwergschnepfe, Uferschnepfe, weitere Uferläufer und Schnepfen.

Flussuferläufer

Fliegt mit vibrierend schnellen Flügelschlägen häufig dicht über der Wasserfläche und wippt fast unablässig mit dem Hinterkörper.

Bekassine

In Sümpfen und feuchtem Uferschlamm an Seen und Teichen. Am Boden nur schwer zu entdecken.

Rotschenkel

Brütet an der Küste; während der Zugzeit in Trupps.

Bräunliche Vögel mit Streifen oder Tupfen (1)

Um diese Vögel zu bestimmen, sollte man auf ihre Silhouette und ihr Verhalten achten. Aus der Entfernung wirken sie oft einheitlich dunkel.

Wiesenpieper

Häufig in Scharen auf Feuchtwiesen und Heiden, in Küstensümpfen und Torfmooren.

Singdrossel

Ganzjährig in Wäldern, Parks und Gärten.

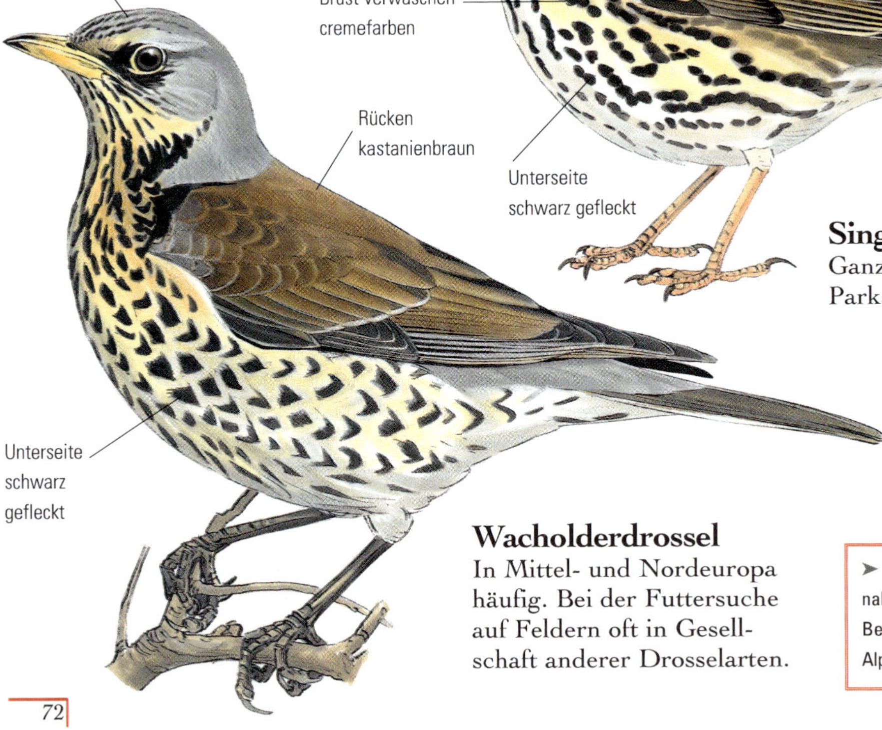

Wacholderdrossel

In Mittel- und Nordeuropa häufig. Bei der Futtersuche auf Feldern oft in Gesellschaft anderer Drosselarten.

➤ Seltener oder nur regional verbreitet: Baumpieper, Bergpieper, Strandpieper, Alpenbraunelle.

Heckenbraunelle
Sitzt fast immer am Boden unter Büschen. Häufig schwer zu entdecken.

Rotdrossel
Nur in Nord- und Nordosteuropa, vorwiegend in Birkenwäldern.

Misteldrossel
Einzelgängerisch lebende Drossel, bevorzugt Nadelwälder.

Bräunliche Vögel mit Streifen oder Tupfen (2)

Das gestreifte oder gefleckte Gefieder bietet den Vögeln eine hervorragende Tarnung, wenn sie reglos im Gras, unter Büschen oder in Bäumen sitzen.

Feldlerche
Bevorzugt baumloses Terrain mit hohem Gras. Männchen singt im Flug.

Grauammer
Bewohnt offenes Kulturland und Brachflächen. Sitzt gern auf Stromleitungen und Pfosten.

Grauschnäpper
Sitzt oft sichtbar auf Bäumen in Parks und lichten Wäldern

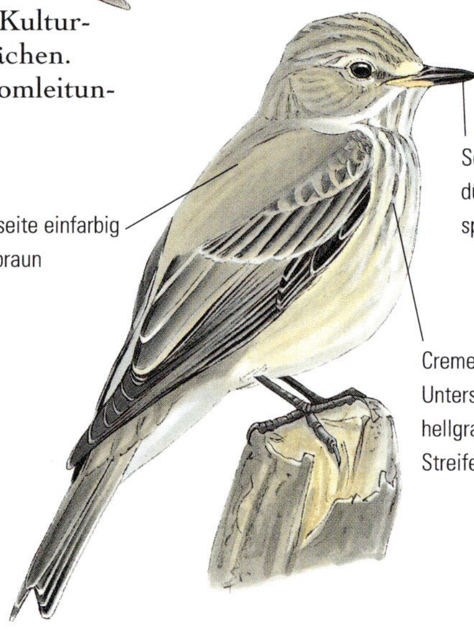

Zaunkönig
Sehr kleiner Vogel, lebt im Unterholz, in Büschen und Gestrüpp, häufig in Wassernähe.

Haubenlerche
Meist auf trockenen Sand- oder Kiesböden.

Gartenbaumläufer
Klettert in Spiralen an Baumstämmen empor. In Wäldern, Parks und Gärten.

Haussperling
Sehr verbreitet; immer in der Nähe bewohnter Häuser.

Feldsperling
Überwiegend in ländlichen Regionen; häufig in Gruppen.

➤ Seltener oder nur regional verbreitet: Heidelerche, Steinsperling, Feldschwirl.

Greifvögel im Flug

Von Greifvögeln im Flug sieht man häufig nur die Silhouette. Hinweise zur Bestimmung geben Form und Größe von Flügeln und Schwanz sowie die Flugweise.

➤ Seltener oder nur regional verbreitet: Bartgeier, Mönchsgeier, Zwergadler, Gleitaar, Rötelfalke, Merlin.

Mäusebussard
Unterseite der Flügel weißlich
Helles Brustband
Schwanz am Ende abgerundet
Rotmilan
Großes weißes Feld auf der Flügelunterseite
Körper rostrot
Schwanz tief gegabelt
Schwarzmilan
Undeutliches weißes Feld auf der Flügelunterseite
Unterseite braun
Schwanz leicht gegabelt
Wespenbussard
Unterseite mit brauner Streifung
Schwanz ziemlich lang
Schwarzer Fleck am Flügelbug
Rohrweihe
Flügel braun
Kehle weißlich
Schwanz lang und graubraun
Wiesenweihe
Körper sehr schlank
Schwanz lang
Zwei schwarze Flügelbinden
Turmfalke
Flügel spitz
Breites schwarzes Band am Schwanzende
Unterseite schwarz gefleckt
Wanderfalke
Flügel zugespitzt
Breiter, dunkler Bartstreif
Unterseite fein gebändert
Sperber
Unterseite mit grauer Bänderung
Schwanz lang und schwarz gebändert
Flügelspitzen abgerundet
Kornweihe
Unterseite rein weiß
Kopf und Brust grau
Langer Schwanz
Flügelspitzen schwarz
Baumfalke
Flügel spitz
Steiß rostrot
Unterseite kräftig schwarz gebändert

Vögel mit gelblicher Unterseite

Meist erkennt man Vögel nicht nur an ihrer Grund- oder Hauptfarbe. Auch weitere Merkmale wie Gestalt, Farbpartien oder Verhalten geben Hinweise.

Blaumeise
In Wäldern, auf Feldern und in Parks von Städten weit verbreitet.

Pirol
Lebt gut versteckt in lichten Laubwäldern, Gehölzen und hohen Pappeln.

Kohlmeise
Die am weitesten verbreitete Meise kommt fast überall vor.

Grünfink
In Parks und Gärten. Der Balzflug ähnelt dem Flug einer Fledermaus.

Zaunammer

Kommt im südlichen Europa häufig in Hecken, Gärten und in der Macchia vor.

Goldammer

In ländlichen Regionen auf Feldern. Im Winter in Scharen auf Äckern.

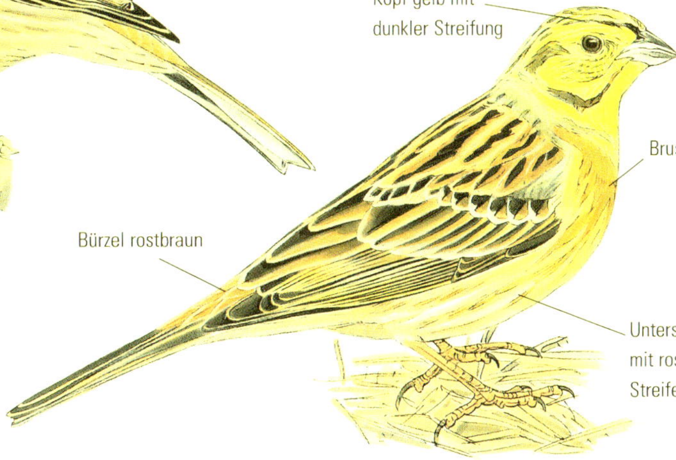

Gebirgsstelze

Überwiegend an den Ufern schnell fließender Gebirgsbäche und -flüsse.

Schafstelze

Von April bis September; sucht Futter zwischen Viehherden.

➤ Siehe auch: Erlenzeisig (S. 81).

➤ Seltener oder nur regional verbreitet: Orpheusspötter, Fichtenkreuzschnabel (Weibchen), Zitronengirlitz, Fitis, Waldlaubsänger.

Vögel mit grüner Oberseite

Bei sonnigem Wetter lässt die Färbung der Blätter die Vögel manchmal intensiver grün aussehen, als sie in Wirklichkeit sind.

Zilpzalp

Weit verbreitet, aber unscheinbar. Vor allem von März bis Oktober zu sehen.

Blaumeise

In Wäldern, auf Feldern und in Stadtparks weit verbreitet.

Grünspecht

In lichten Wäldern, Gehölzen und Obstgärten. Sitzt oft am Boden, um Ameisen zu fressen.

Kohlmeise

Die am weitesten verbreitete Meisenart lebt in Wäldern, Hecken, Parks und Gärten.

Sommergoldhähnchen

Kleinster Vogel Europas, sehr aktiv. Bevorzugt Büsche und Nadelbäume.

Wintergoldhähnchen

Der winzige Vogel ist immer in Bewegung. Vor allem in Nadelwäldern.

Erlenzeisig

Im Winter in Gruppen auf Erlen, Weiden und Birken.

Grünfink

In Parks und Gärten häufig anzutreffen, im Winter auch in Gruppen auf Feldern.

Schafstelze

Meist in Scharen auf Feuchtwiesen anzutreffen.

> Siehe auch: Girlitz (S. 83)
>
> Seltener oder nur regional verbreitet: Fitis, Orpheusspötter, Fichtenkreuzschnabel (Weibchen), Zitronengirlitz, Grauspecht.

Vögel mit gelbem oder grünem Kopf

Häufig kann man einzelne Arten an der Form der farbigen Partien auf Flügeln und Schwanz erkennen. Hier sind Details gefragt.

Wintergoldhähnchen

In Nadelbäumen; schließt sich im Winter gern Meisen an.

Sommergoldhähnchen

Weniger an reinen Nadelwald gebunden als Wintergoldhähnchen.

Zilpzalp

Kleiner, aktiver Vogel. In Büschen, Gestrüpp und lichten Wäldern.

Grünfink

Lebt ganzjährig überall in Parks, Gärten und ländlichen Regionen.

➤ Siehe auch: Pirol (S. 95).

➤ Seltener oder nur regional verbreitet: Fitis, Waldlaubsänger, Ortolan, Zitronengirlitz, Orpheusspötter, „Englische Schafstelze", Ohrenlerche.

Zaunammer

In sonnenreichen Gebieten Südeuropas, z.B. in Obst- und Weingärten oder in der Macchia.

Goldammer

In trockener, mit Hecken durchsetzter Hügellandschaft. Im Winter in Gruppen.

Erlenzeisig

Bevorzugt Nadelwälder in den Bergen. Im Winter überall, auch in Gärten.

Girlitz

In Mittel- und Südeuropa verbreitet. Bewohnt halboffene Kulturlandschaften, Siedlungen und Parks.

Vögel mit rötlicher Unterseite (1)

Die Grundfarbe (hier Rot) kann verschiedene Nuancen annehmen. Diese sollten so genau wie möglich bestimmt werden.

Schwarzkehlchen
In heckenreichem Brachland. Sitzt gut sichtbar auf hohen Gräsern.

Bluthänfling
Paarweise oder in kleinen Scharen in Gegenden mit karger Vegetation.

Gimpel
Kompakter, im Sommer zurückgezogen lebender Vogel. Vorwiegend an Waldrändern und in Gestrüpp.

Buchfink
Fast überall, wo Bäume stehen. Im Winter in großen Schwärmen auf Feldern und Äckern.

Gartenrotschwanz

Sitzt gern in geringer Höhe. Zuckt häufig nervös mit dem Schwanz.

Braunkehlchen

Sitzt bevorzugt in Büschen zwischen hohem Gras.

Bergfink

Brutvogel in den lichten Nadel- und Laubwäldern der nordischen Taiga.

Rotkehlchen

Häufig am Boden anzutreffen. In städtischen Parks oft sehr zutraulich.

> ➤ Seltener oder nur regional verbreitet: Fichtenkreuzschnabel, Birkenzeisig, Weißbart-Grasmücke, Karmingimpel, Zwergschnäpper.

Vögel mit rötlicher Unterseite (2)

Oft lässt sich die Größe eines Vogels nur schwer definieren. Am besten vergleicht man den Vogel mit einer bekannten Art, die man in der Nähe entdeckt.

Eisvogel
Immer in Wassernähe (Flüsse, Teiche, im Winter auch an Küsten). Fliegt meist dicht über der Wasseroberfläche.

Wiedehopf
Erinnert im Flug an einen großen, schwarz-weißen Schmetterling. Vor allem im Süden auf Feldern und in Gärten.

Buntspecht

Immer in der Nähe großer Bäume, die er geschickt emporklettert.

Kleiber

Läuft kopfüber an Baumstämmen hinab. Sitzt oft in den oberen Zweigen.

Steinrötel

In Süd- und Westeuropa im Gebirge auf steinigen Wiesen und an schütter bewachsenen Hängen. Sitzt oft gut sichtbar auf Felsen.

> ➤ Seltener oder nur regional verbreitet: Mittelspecht, Rotkehlpieper, Ortolan, Zippammer.

Vögel mit rötlicher Partie am Kopf

Wichtig für die Bestimmung ist, ob sich die rötliche Gefiederpartie auf der Stirn, dem Kopf, dem Nacken oder den Wangen befindet.

Rotkopfwürger

In lichten Wäldern, in der Macchia und der Kulturlandschaft. Sitzt gut sichtbar auf Büschen.

Bluthänfling

Lebt in Gegenden mit karger Vegetation; im Sommer paarweise, im Winter in Scharen.

Mönchsgrasmücke (Weibchen)

Fast überall, wo Bäume und Büsche wachsen. Beim Männchen ist die Kappe schwarz.

Stieglitz

Sitzt auf Disteln, um deren Samen zu fressen.

Buntspecht

Immer auf Bäumen. Klettert an Stämmen und Ästen entlang.

Grünspecht

In lichten Wäldern, Gehölzen und Obstgärten. Sitzt oft am Boden und frisst Ameisen.

Kleinspecht

Der kleine Vogel lebt
och in den Bäumen
m Gezweig.

➤ Siehe auch: Buchfink (S. 84), Feldsperling (S. 28), Sommergoldhähnchen (S. 35), Rauchschwalbe (S. 44).

➤ Seltener oder nur regional verbreitet: Karmingimpel, Birkenzeisig, Mittelspecht, Schwarzspecht.

Weiße oder mehrfarbige Wasservögel

Enten und andere Wasservögel lassen sich in der Regel leicht bestimmen, weil sie lange reglos in Sichtweite auf dem Wasser verharren.

Brandgans
Überwiegend an der Küste. Wirkt aus der Ferne schwarz-weiß.

Pfeifente
Brütet in Nordeuropa an Moorseen und in Feuchtgebieten.

➤ Siehe auch: Seidenreiher (S. 37), Kuhreiher (S. 37), Rosaflamingo (S. 39), Basstölpel (S. 39).

➤ Seltener oder nur regional verbreitet: Singschwan, Spießente, Kolbenente, Bergente, Eiderente, Schellente, Gänsesäger.

Höckerschwan
Gut sichtbar und oft recht zutraulich. Im Winter auf vielen Gewässern.

Stockente

Die verbreitetste europäische Entenart ist oft sehr zutraulich.

Reiherente

Bildet im Winter häufig große Gruppen auf Seen und Teichen.

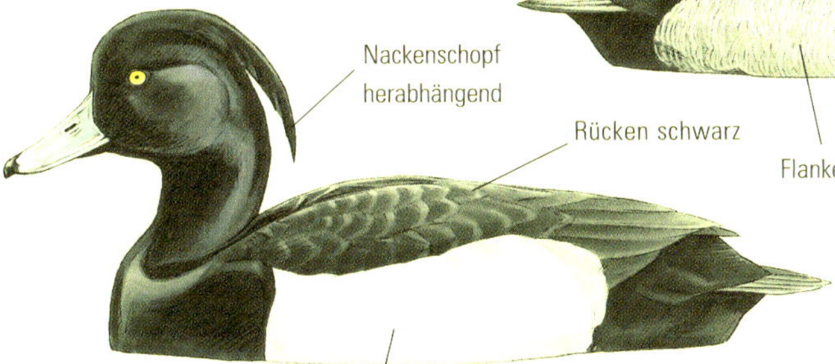

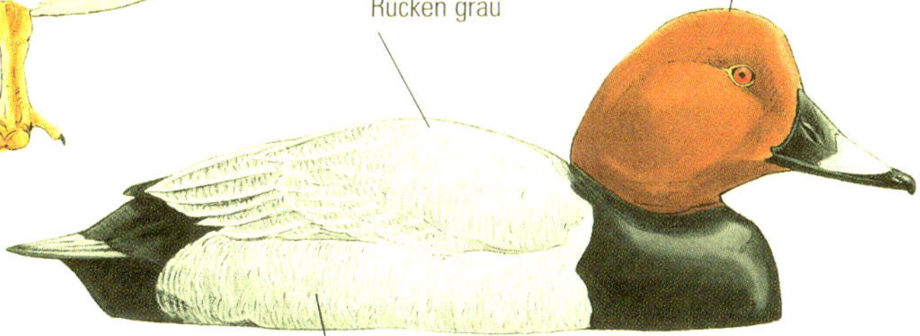

Tafelente

Im Winter häufiger, oft in Gesellschaft von Reiherenten.

Löffelente

Im nördlichen und östlichen Europa auf flachen Seen. Bei uns seltener.

Haubentaucher (Winter)

Haubentaucher (Frühling)

Auf vielen Wasserflächen. Leicht erkennbare, typische Form.

Mehrfarbige Vögel

Die wenigen wirklich bunt gefärbten europäischen Vogelarten sind dank ihrer charakteristischen Merkmale leicht zu erkennen. Einige von ihnen kommen hauptsächlich im Mittelmeerraum vor.

Eisvogel

Immer in Wassernähe, an Flüssen, Teichen und der Küste (Winter). Fliegt dicht über der Wasseroberfläche.

Steinrötel

Vor allem im südlichen Europa bevorzugt auf felsigem Terrain.

Wiedehopf

Vor allem im Süden auf Feldern und in Gärten. Ähnelt im Flug einem großen, schwarz-weißen Schmetterling.

Blauracke

Der taubengroße Vogel lebt im Mittelmeerraum. Sitzt gern auf Stromleitungen.

➤ Siehe auch: Gartenrotschwanz (S. 31), Blaumeise (S. 35), Buchfink (S. 60), Stieglitz (S. 88).

➤ Seltener oder nur regional verbreitet: Blaukehlchen.

Bienenfresser

Überwiegend im Mittelmeerraum, immer in Schwärmen. An seinem flüssigen, rollenden Ruf leicht zu erkennen.

Mehrfarbige Vögel im Flug

Wichtige Hinweise für die Bestimmung geben auch Flügelschlag (permanent oder unterbrochen) und Flugbahn (linear oder wellenförmig).

Gimpel

Bergfink

Buchfink

Erlenzeisig

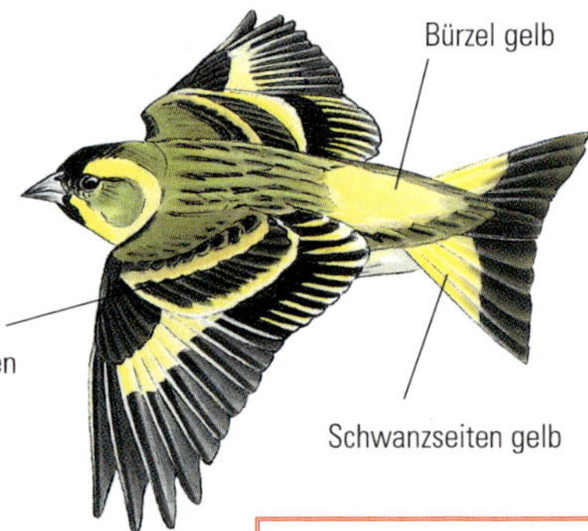

Grünfink

Stieglitz

➤ Siehe auch: Mehrfarbige Vögel (S. 92), Eisvogel (S. 92).

➤ Seltener oder nur regional verbreitet: Mauerläufer.

Grünspecht

Gartenrotschwanz

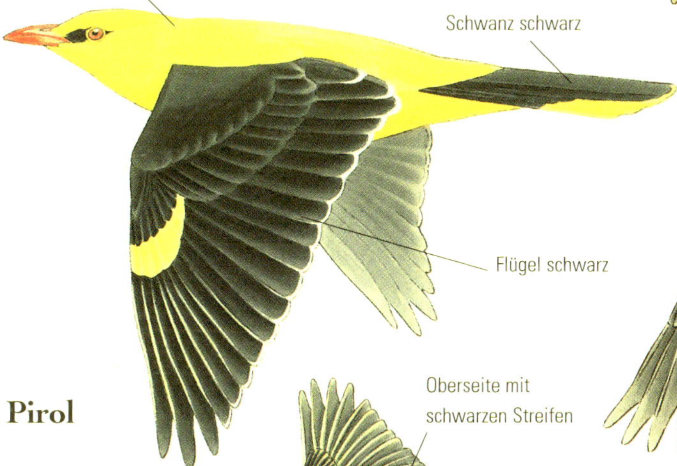

Pirol

Hausrotschwanz

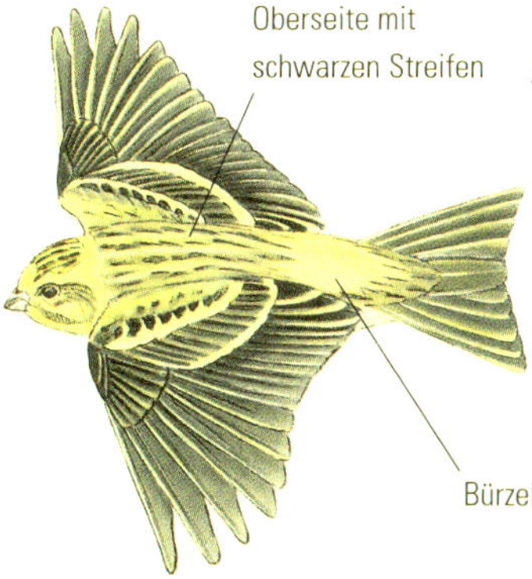

Girlitz

Porträts der Arten

Zwergtaucher

Tachybaptus ruficollis

Diese kleinen Taucher leben auf Binnengewässern wie Seen, Teichen und Flüssen mit üppigem Bewuchs. Sie besiedeln fast ganz Europa mit Ausnahme von Teilen im Norden und Nordosten. In Mitteleuropa trifft man die Art ganzjährig an. Nördliche Populationen ziehen bis in die Mittelmeerländer. Zwergtaucher verstecken sich oft in der Ufervegetation. Zur Nahrungssuche tauchen sie, erscheinen dann kurz an der Oberfläche und verschwinden fast augenblicklich wieder. Glaubt man zwei oder drei Zwergtaucher auf einem Fluss oder See zu entdecken, sind daher in Wirklichkeit oft doppelt so viele vorhanden.

- **Körperlänge:** 25–29 cm
- **Gewicht:** 120–240 g
- **Nahrung:** Wasserinsekten, kleine Fische
- **Gelege:** 4–6 Eier (April–Juli)

Haubentaucher

Podiceps cristatus

Haubentaucher leben auf Seen und großen, von Schilf oder Ried gesäumten Teichen. Seltener sind sie auf langsam dahinströmenden Flüssen zu finden. Sie kommen in weiten Teilen Europas vor, fehlen aber im Norden und Nordosten. Die nordeuropäischen Populationen verbringen die kalten Monate von September bis März in Mittel-, West- und Südeuropa. In diesem Zeitraum halten sie sich auch in Lagunen und Küstengewässern auf. In der Regel schwimmen Haubentaucher paarweise in eleganter Haltung weit draußen auf dem Wasser. Sie sind vom Ufer aus leicht zu erkennen und nicht übermäßig scheu.

- **Körperlänge:** 46–51 cm
- **Gewicht:** 600–1 500 g
- **Nahrung:** hauptsächlich Fische
- **Gelege:** 2–6 Eier (April–Juli)

■ **Körperlänge:** 87–100 cm
■ **Gewicht:** 2,3–3,6 kg
■ **Nahrung:** ausschließlich Meeresfische
■ **Gelege:** 1 Ei (April–Juni)

Basstölpel

Morus bassanus

Basstölpel leben auf hoher See. Sie kommen nur an Land, um sich auszuruhen oder ihre Jungen aufzuziehen. Dazu suchen sie Inseln und einzeln stehende Felsen auf. In der übrigen Zeit vagabundieren sie über das offene Meer. Ihre Nahrung – ausschließlich Fische – fangen sie stoßtauchend. Die Vögel brüten in großen Kolonien auf Island, den Britischen Inseln sowie an den Küsten Nordfrankreichs und Norwegens. In Mitteleuropa sind sie nur auf Helgoland anzutreffen. Im Herbst wandern die Jungvögel bis ins Mittelmeer oder vor die westafrikanische Küste. Die Altvögel dagegen bleiben ganzjährig in ihren Brutgebieten.

■ **Körperlänge:** 80–100 cm
■ **Gewicht:** 1,8–2,8 kg
■ **Nahrung:** Süßwasser- und Meeresfische
■ **Gelege:** 3–4 Eier (April–Juni)

Kormoran

Phalacrocorax carbo

Kormorane brüten an vielen europäischen Küsten, bevorzugt an Felsküsten und auf felsigen Inseln. Sie nisten aber auch landeinwärts auf hohen Bäumen am Ufer von Seen oder größeren Teichen. Das Winterquartier der Art reicht von Mitteleuropa bis Nordafrika. Inzwischen überwintern aber auch größere Schwärme immer häufiger in Mitteleuropa an Wasserläufen und großen Seen, sofern diese nicht zufrieren. Wenn Kormorane nicht gerade schwimmen, sitzen sie meist gut sichtbar auf Pfosten oder abgestorbenen Bäumen und lassen mit ausgebreiteten Schwingen ihr Gefieder trocknen.

Krähenscharbe

Phalacrocorax aristotelis

Krähenscharben sind etwas kleiner und deutlich schlanker als Kormorane. Als typische Seevögel finden sie sich nur selten im Landesinneren. Ebenso meiden sie flache, sandige Ufer. Oft sitzen die Vögel stundenlang mit ausgebreiteten Flügeln an der Steilküste oder auf Felsinseln und trocknen ihr nicht wasserdichtes Gefieder. Um auszuruhen, lassen sie sich häufig auf der Wasseroberfläche treiben. Ihr Verbreitungsgebiet umfasst die Küsten des Nordostatlantiks und des Mittelmeeres. Im Ostseeraum und in Mitteleuropa fehlen sie. Krähenscharben sind keine Zugvögel.

- **Körperlänge:** 65–80 cm
- **Gewicht:** 1,8–2,2 kg
- **Nahrung:** Meeresfische, Krustentiere
- **Gelege:** 3 Eier (März–Juni)

Kuhreiher

Bubulcus ibis

Kuhreiher nisten in Südwesteuropa, besonders zahlreich im Süden Spaniens und Portugals. Einige Brutpaare finden sich auch in Frankreich und Italien. Die europäischen Populationen überwintern in Südfrankreich, im Süden der Iberischen Halbinsel und in Nordafrika. Von allen europäischen Reihern sind Kuhreiher am wenigsten an das Vorkommen von Wasser gebunden. Sie leben in Gemeinschaften und suchen ihr Futter in kleinen Gruppen in Sümpfen und auf Weiden. Sie fressen Insekten und andere Tiere, die Viehherden beim Weiden aufstöbern.

- **Körperlänge:** 48–53 cm
- **Gewicht:** 300–400 g
- **Nahrung:** große Insekten am Boden
- **Gelege:** 4–5 Eier (Mai–Juli)

Seidenreiher

Egretta garzetta

Der Seidenreiher ist die am weitesten verbreitete weiße Reiherart im südlichen Europa. In Westeuropa reicht sein Areal am weitesten nach Norden. In Mitteleuropa beschränkt es sich fast ausschließlich auf Ungarn. Die meisten Seidenreiher verlassen ihre Nistplätze im August und kehren erst im April zurück. Sie überwintern vorwiegend in Afrika, seit etwa 20 Jahren aber auch immer zahlreicher an der Atlantik- und Mittelmeerküste. Als Lebensraum bevorzugen die Vögel überwiegend Sümpfe sowie die Ufer von Seen und Lagunen in Küstennähe. Ihr Futter suchen sie im seichten Wasser.

- **Körperlänge:** 55–65 cm
- **Gewicht:** 280–640 g
- **Nahrung:** Fische, Frösche und Insekten
- **Gelege:** 3–5 Eier (Mai–Juli)

Graureiher

Ardea cinerea

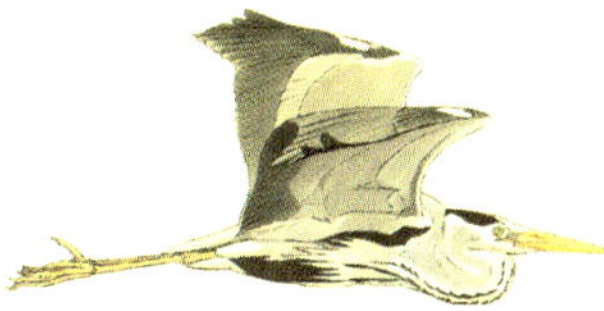

Graureiher leben stets in Wassernähe, meist an Seen, Teichen und Flüssen, aber auch in Sümpfen und Feuchtgebieten. Im Winter halten sie sich oft unmittelbar an der Küste auf. Sie nisten in Kolonien auf hohen Bäumen, seltener auch im unzugänglichen Gebüsch oder im Schilf. Ihr Verbreitungsgebiet erstreckt sich über weite Teile Europas. Auf Island und im größten Teil Nordeuropas sind sie nicht anzutreffen. Manche mitteleuropäische Brutvögel wandern bis Südwesteuropa. Häufig sieht man die Vögel einzeln beim Fischfang, wenn sie reglos im seichten Wasser stehen.

- **Körperlänge:** 90–98 cm
- **Gewicht:** 1,2–2 kg
- **Nahrung:** Fische, Frösche, Nager
- **Gelege:** 3–5 Eier (März–Juli)

Schwarzstorch

Ciconia nigra

Die scheuen Vögel sind weit weniger bekannt als ihre weißen Vettern. Ihre Brutgebiete liegen hauptsächlich in Spanien und Osteuropa. In Deutschland brütet die Art erfreulicherweise wieder häufiger. Zum Nisten ziehen sich die Vögel in dichte Laubwälder mit Teichen und Bächen zurück. Ihre Brutplätze verlassen sie bereits im August und wandern nach Afrika ins Winterquartier. Nur die spanischen Populationen bleiben vor Ort. Ihr Futter, das hauptsächlich aus Fischen, Amphibien und großen Insekten besteht, suchen die Schwarzstörche vorwiegend in flachen Gewässern sowie in Sümpfen und auf Feuchtwiesen.

- **Körperlänge:** 95–100 cm
- **Gewicht:** 2,4–3 kg
- **Nahrung:** hauptsächlich kleine Fische, Amphibien, Insekten
- **Gelege:** 3–5 Eier (April–Juni)

Weißstorch

Ciconia ciconia

Weißstörche sind in Mittel-, Ost- und Südosteuropa sowie auf der Iberischen Halbinsel weit verbreitet. Ende August ziehen sie in großen Verbänden nach Afrika, um dort zu überwintern. Die Rückkehr in die Brutgebiete findet zwischen März und Mai statt. Weißstörche bauen ihre Nester oft auf den Dächern alter Bauernhäuser, aber auch auf abgestorbenen Bäumen, auf Strommasten oder dem Giebel einer Scheune. In großen Teilen ihres Brutgebiets sind sie Charaktervögel der offenen Kulturlandschaft. Ihr Futter suchen sie auf offenen Flächen, vorwiegend in Sümpfen, auf Feuchtwiesen, Weiden oder Feldern.

- **Körperlänge:** 100–115 cm
- **Gewicht:** 2,3–4,4 kg
- **Nahrung:** Frösche, Regenwürmer, Insekten
- **Gelege:** 3–5 Eier (März–April)

Rosaflamingo

Phoenicopterus ruber

- **Körperlänge:** 1,40–1,65 m
- **Gewicht:** 2,1–4,1 kg
- **Nahrung:** kleine im Wasser lebende Krebse und Insekten
- **Gelege:** 1 Ei (April–Juni)

Rosaflamingos leben im Süden Frankreichs und Spaniens sowie in der Türkei. Im seichten Wasser von Salzseen, Salinenbecken und Lagunen suchen sie nach Nahrung. Zum Brüten finden sie sich an unterschiedlichen Plätzen ein, an denen die Bedingungen gerade günstig sind. Flamingos nisten stets in großen Kolonien. Das Nest besteht aus einem kleinen Schlammkegel mit einer Mulde, in der das Ei liegt. Die Küken bleiben etwa vier Tage im Nest, dann schließen sie sich mit den Gleichaltrigen zu großen „Kindergärten" zusammen. Auch außerhalb der Brutzeit sammeln sich die Vögel stets in kopfstarken Gruppen.

Höckerschwan

Cygnus olor

- **Körperlänge:** 1,45–1,60 m
- **Gewicht:** 7,6–15 kg
- **Nahrung:** Pflanzenmaterial im Wasser
- **Gelege:** 5–7 Eier (April–Juli)

Die großen weißen Vögel sind weit in West- und Mitteleuropa, Südskandinavien sowie lokal auch in Osteuropa und Nordgriechenland verbreitet. Sie schwimmen in eleganter Haltung auf Seen, Flüssen oder Zierteichen und ernähren sich von Wasserpflanzen, die sie dank ihres langen Halses noch in rund 1m Tiefe erreichen. Meist sieht man sie in der Wassermitte, sie kommen aber auch näher und steigen sogar ans Ufer, wenn man sie mit Brot füttert. Im Frühjahr trifft man sie paarweise an, im Winter bilden sie dagegen größere Gruppen, die zuweilen aus mehreren Dutzend Tieren bestehen.

Graugans

Anser anser

Die Graugans brütet als Wildvogel auf Island und in Nord- und Osteuropa. Die isländischen und fennoskandischen Populationen ziehen zum Überwintern nach Mittel- und Südeuropa bzw. zu den Britischen Inseln. Dabei bilden sie Familienverbände, in denen die Altvögel die Jungen anführen. In Mitteleuropa sind Graugänse als Parkvögel weit verbreitet. Sie sind sehr gesellig. Zur Futtersuche bilden sie gewöhnlich Scharen von mehreren Dutzend, manchmal sogar mehreren hundert Vögeln. In großen Feuchtgebieten, Sümpfen und auf Feldern in der Nähe von Binnengewässern verbringen sie die Nächte.

- **Körperlänge:** 75–90 cm
- **Gewicht:** 2,1–4,6 kg
- **Nahrung:** Kräuter, Knollen, Samen
- **Gelege:** 4–6 Eier (April–Mai)

Brandgans

Tadorna tadorna

Dieser Wasservogel wird gelegentlich auch als „Brandente" bezeichnet, da er Merkmale von Enten wie von Gänsen aufweist. Die Brandgans kommt vorwiegend an der Küste vor, stellenweise brütet sie aber auch im Binnenland. Sie ist von Skandinavien bis Spanien, über Südfrankreich und Norditalien bis in den Balkan verbreitet. Die Vögel bevorzugen Sandstrände, Buchten, Flussmündungen sowie Marschen und Dünengebiete, in denen sie nisten. Im Winter findet man sie bisweilen auch weiter landeinwärts. Ihre Nahrung suchen die Tiere meist in Gruppen an den Strandabschnitten, die bei Ebbe freiliegen.

- **Körperlänge:** 58–67 cm
- **Gewicht:** 560–1 500 g
- **Nahrung:** Weichtiere, Krebstiere, Ringelwürmer
- **Gelege:** 8–15 Eier (April–Juli)

Pfeifente

Anas penelope

- **Körperlänge:** 45–50 cm
- **Gewicht:** 410–970 g
- **Nahrung:** Pflanzenmaterial im Wasser und an Land
- **Gelege:** 6–12 Eier (April–Juni)

Pfeifenten sind typische Bewohner flacher, offener Landschaften mit eingestreuten Wasserflächen. Sie brüten ausschließlich in Nordeuropa an Seen, die von Mooren oder Wiesen umgeben sind. Die Paare nisten einzeln oder in lockeren Kolonien. Im Herbst wandern die meisten Brutvögel nach Südwesten. An den Küsten Mittel-, West- und Südeuropas kann man die auffällig gefärbten Enten in großen Schwärmen im Binnenland als Durchzügler beobachten. An der Küsten sind sie häufige Wintergäste. Die Art verdankt ihren Namen den durchdringenden, klaren Pfeiftönen der Männchen.

Stockente

Anas platyrhynchos

- **Körperlänge:** 50–65 cm
- **Gewicht:** 750–1 570 g
- **Nahrung:** Pflanzen, Samen und Insekten
- **Gelege:** 9–13 Eier (März–Juli)

Die bekannteste Entenart kommt in ganz Europa vor. Sie fehlt nur in Hochgebirgsregionen und im höchsten Norden. Es gibt fast keinen See, Teich oder Uferbereich, an dem diese Vögel nicht leben. Sie lassen sich das ganze Jahr über beobachten. Meist trifft man sie paarweise an, im Winter auch in größeren Gruppen. Die Enten halten sich häufig auf Teichen oder Bächen sowie Zierteichen in öffentlichen Parks auf und lassen sich von Besuchern mit Brot füttern. Die nord- und osteuropäischen Populationen ziehen zum Überwintern teilweise nach Mitteleuropa.

Löffelente

Anas clypeata

Das Brutgebiet der Löffelente umfasst weite Teile Europas bis nach Island, allerdings ist die Art nur spärlich verbreitet. Löffelenten sind Zugvögel und überwintern in warmen oder ausgesprochen wintermilden Regionen, vor allem in Westeuropa, im Mittelmeerraum und in Afrika. Die Enten bevorzugen seichte Gewässer mit üppig bewachsenen Uferbereichen, und zwar Süß- wie Salzwasser gleichermaßen. Ihren breiten Schnabel, dem sie ihren Namen verdanken, verwenden sie, um kleine Nahrungspartikel wie Plankton, Insekten und Samen aus dem Wasser zu filtern.

- **Körperlänge:** 49–52 cm
- **Gewicht:** 410–1 100 g
- **Nahrung:** Wirbellose und Wasserpflanzen
- **Gelege:** 9–11 Eier (Mai–Juni)

Tafelente

Aythya ferina

Diese Entenart brütet in fast ganz Europa mit Ausnahme weiter Teile Fennoskandiens. Im südlichen Europa taucht sie meist als Wintergast auf. Nördliche und östliche Populationen wandern im Herbst nach Mitteleuropa. Dort kann man die Tafelenten während der kalten Jahreszeit in großen Trupps und besonders häufig auf Stauseen beobachten. Als Lebensraum bevorzugen die Tiere seichte, von Schilf gesäumte Seen und Teiche. Ihre Nester legen sie im dichten Uferbewuchs an. Als Tauchenten suchen die tag- und nachtaktiven Vögel ihre Nahrung unter Wasser. Sie ernähren sich von Wasserpflanzen und -tieren.

- **Körperlänge:** 42–49 cm
- **Gewicht:** 900–1 100 g
- **Nahrung:** Pflanzenmaterial und kleine Wassertiere
- **Gelege:** 8–10 Eier (April–Juni)

Reiherente

Aythya fuligula

Reiherenten brüten in weiten Teilen Europas, fehlen aber im Mittelmeerraum sowie in vielen Regionen der Iberischen Halbinsel und Südosteuropas. Zum Überwintern suchen die meisten von ihnen eisfreie Gewässer auf oder ziehen in geschützte Meeresbereiche in Küstennähe. Nord- und osteuropäische Populationen wandern in den Mittelmeerraum. Den Winter verbringen die Vögel häufig in großen Gruppen auf Seen, Teichen und Flüssen, aber auch in Kiesgruben. Zum Nisten bevorzugen die Enten seichte Gewässer mit hoher Ufervegetation aus Ried oder Schilf. Auch Zierteiche in Parkanlagen werden oft besetzt.

- **Körperlänge:** 40–47 cm
- **Gewicht:** 400–1 400 g
- **Nahrung:** Weichtiere, Wasserinsekten
- **Gelege:** 8–11 Eier (Mai–Juli)

Wespenbussard

Pernis apivorus

Das Verbreitungsgebiet des Wespenbussards reicht über weite Teile Europas hinweg bis nach Finnland. In Süd- und Westeuropa fehlt die Art stellenweise. Wespenbussarde sind Zugvögel. Sie erreichen Europa im Mai und fliegen bis Mitte September zurück nach Afrika, wo sie überwintern. Ihren Lebensraum bilden Gehölze und lichte Wälder, die an Wiesen, Weiden oder Sümpfe grenzen. Die Vögel sind scheu und halten sich überwiegend im Wald auf, sodass sie sich nur schwer beobachten lassen. Während der Brutsaison leben die Tiere paarweise, den Zug bestreiten sie allerdings häufig in großen Trupps.

- **Körperlänge:** 52–60 cm
- **Gewicht:** 440–1 050 g
- **Nahrung:** hauptsächlich Wespen und Hummeln
- **Gelege:** 1–3 Eier (Juni–Juli)

Schwarzmilan

Milvus migrans

Schwarzmilane sind weit verbreitet in Europa, fehlen aber im Norden und Nordwesten. Den Winter verbringen sie in Afrika. Die Vögel besiedeln halb offene Landschaften mit eingestreuten Gehölzen. Außerdem bevorzugen sie die Nähe von Gewässern. Ihre Nester bauen sie in hohen Bäumen, meist auf abschüssigem Gelände. Bei der Jagd ziehen sie ihre Kreise über Weiden und Sümpfen. Hauptsächlich erbeuten sie tote Fische, die an der Wasseroberfläche treiben, oder fangen größere fliegende Insekten. Oft jagen sie gemeinsam mit Artgenossen.

- **Körperlänge:** 55–60 cm
- **Gewicht:** 570–940 g
- **Nahrung:** Tote und lebende Fische, Nager, Insekten
- **Gelege:** 2–3 Eier (April–Juni)

Rotmilan

Milvus milvus

Rotmilane zeichnen sich durch ihr lebhaft gezeichnetes Gefieder, den tief gegabelten Schwanz und den eleganten Flug aus. Unablässig kreisen sie bei der Jagd über Weiden und Wiesen mit niedrigen Hecken oder Gehölzen. Die Vögel besiedeln weite Teile Europas, wobei in Deutschland die Hälfte des Weltbestands lebt. Im Oktober ziehen die meisten von ihnen in den westlichen Mittelmeerraum. Einige überwintern allerdings auch bei uns. Die großen Nester werden meist in hohen Bäumen am Waldrand errichtet.

- **Körperlänge:** 58–66 cm
- **Gewicht:** 760–1 250 g
- **Nahrung:** Nager, Vögel, Fische, Aas
- **Gelege:** 2–3 Eier (April–Juni)

Schmutzgeier

Neophron percnopterus

Schmutzgeier kommen auf der Iberischen Halbinsel, in Südfrankreich sowie in Süditalien vor. Den Winter verbringen sie im tropischen Afrika. Die Altvögel verlassen die Brutgebiete bereits im August, die Jungvögel folgen wenig später nach. Sie bleiben während ihrer ersten Lebensjahre südlich der Sahara. Schmutzgeier nisten in Steilfelsen über Tälern und Schluchten. Häufig kreisen sie im Gefolge von Gänsegeiern hoch oben am Himmel. Wie ihre größeren Verwandten fressen sie alle Arten von Aas sowie Abfälle. Jedoch müssen sie sich am Aas gedulden, bis die mächtigeren Gänsegeier ihren Hunger gestillt haben.

- **Körperlänge:** 55–70 cm
- **Gewicht:** 1,6–2,4 kg
- **Nahrung:** Aas, Abfälle, Exkremente
- **Gelege:** 2 Eier (April–Mai)

Gänsegeier

Gyps fulvus

In den Alpen sind Gänsegeier aufgrund menschlicher Aktivitäten ausgestorben. Sie kommen heute nur noch im südlichen Europa vor. Im Rauristal in Österreich übersommern alljährlich einige Gänsegeier aus dem Balkan, die allerdings nicht brüten. Die riesigen Vögel nisten in Gebirgsregionen auf steilen Felsen und in Schluchten. Wenn am Spätvormittag die Sonnenstrahlen die Luft erwärmen, steigen die Geier in Gruppen auf und lassen sich von den warmen Luftsäulen emportragen. Manchmal kreisen sie stundenlang, bis einer von ihnen einen Kadaver entdeckt und zu ihm hinabstößt. Dieser dient dann der Gruppe als Mahlzeit.

- **Körperlänge:** 95–105 cm
- **Gewicht:** 6,2–11 kg
- **Nahrung:** Aas, auch von frisch toten Tieren
- **Gelege:** 1 Ei (Februar–Mai)

Schlangenadler

Circaetus gallicus

Schlangenadler brüten in Süd- und Osteuropa. In Mitteleuropa kommen sie nur noch im äußersten Südosten vor. Im Herbst ziehen sie nach Zentralafrika. Die Greifvögel besiedeln vor allem offene, oft hügelige Landschaften mit eingestreuten Wäldern oder Feldgehölzen. In flachen Regionen bevorzugen sie Gegenden, die eine gewisse Mischung aus Dickicht, Wäldern und Wiesen aufweisen. Schlangenadler auf der Jagd sitzen oft lange Zeit reglos mit nur locker angelegten Flügeln in Gegenwindrichtung. Im Flug rütteln sie ausdauernd über einer Stelle, um den Boden nach geeigneter Beute abzusuchen.

- **Körperlänge:** 62–67 cm
- **Gewicht:** 1,2–2,3 kg
- **Nahrung:** hauptsächlich Schlangen und Eidechsen
- **Gelege:** 1 Ei (April–Juli)

Rohrweihe

Circus aeruginosus

Wie der Name schon verrät, bevorzugt die Rohrweihe Schilfdickichte am Ufer von Wasserflächen. Man findet sie generell aber überall in sumpfigen Regionen mit hohem Gras. Ein untrügliches Erkennungsmerkmal dieses Vogels sind seine im Flug flach V-förmig gehaltenen Flügel und der lange Schwanz. Das Verbreitungsgebiet der Art umfasst weite Teile des europäischen Flachlands, nordwärts bis Südfinnland. Die Greifvögel überwintern im Mittelmeerraum sowie in Zentral- und Ostafrika. Wenn Rohrweihen jagen, fliegen sie schaukelnd in geringer Höhe über dem Boden und spähen nach Kleintieren.

- **Körperlänge:** 48–56 cm
- **Gewicht:** 400–800 g
- **Nahrung:** kleine Nager und Vögel
- **Gelege:** 3–6 Eier (April–Juni)

Kornweihe

Circus cyaneus

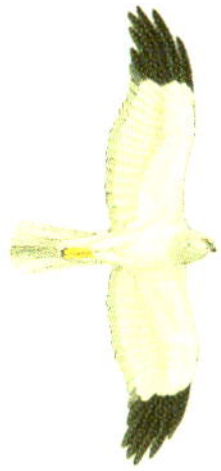

Kornweihen bewohnen baumarme Gegenden mit niedriger Vegetation, vor allem Heideland, Steppen und Sümpfe. Hier jagen sie in erster Linie Kleinsäuger, aber auch kleine Vögel. Ihr Brutgebiet liegt vorwiegend im Norden und Nordosten Europas. Dort kommen die Greifvögel nur im Sommer vor. In West- und Mitteleuropa brütet die Art nur stellenweise. Die Populationen der nördlichen und östlichen Brutgebiete ziehen im Herbst nach Süden und Westen. Auch in Mitteleuropa überwintern einige Kornweihen regelmäßig. Die Männchen verpaaren sich häufig mit zwei oder drei Weibchen.

- **Körperlänge:** 44–52 cm
- **Gewicht:** 300–710 g
- **Nahrung:** kleine Nager, kleine Vögel
- **Gelege:** 4–6 Eier (Mai–Juli)

Wiesenweihe

Circus pygargus

Wiesenweihen waren früher vorwiegend in Sümpfen und Steppengebieten anzutreffen. Seit diese Lebensräume zunehmend schwinden, haben die Vögel sich daran gewöhnt, ihre Nester in Getreidefeldern anzulegen. Allerdings werden die Gelege dort oft bei der Feldbestellung vernichtet. In Europa brütet die Art hauptsächlich im Osten sowie in Frankreich und Spanien. In Mitteleuropa ist sie sehr lückenhaft verbreitet. Wiesenweihen überwintern in der afrikanischen Sahelzone. Von April bis September sieht man sie in niedriger Höhe über Kornfeldern oder der Heide kreisen.

- **Körperlänge:** 42–50 cm
- **Gewicht:** 230–445 g
- **Nahrung:** kleine Vögel, Nager
- **Gelege:** 4–5 Eier (Mai–Juli)

Sperber

Accipiter nisus

Dieser kleine Greifvogel zeigt ein typisches Flugbild mit langem Schwanz und abgerundeten Flügeln. Er ist in ganz Europa weit verbreitet. Die meisten nordeuropäischen Populationen sind Zugvögel, sonst ist die Art in Europa Jahresvogel. Sperber besiedeln in erster Linie ländliche Regionen mit Hecken, Obsthainen, Gehölzen und lichten Wäldern. Allerdings sind sie auch in Städten anzutreffen. Sie jagen ausschließlich kleine Vögel. Die größeren und kräftigen Weibchen wagen sich sogar an Tauben heran. Bei der Jagd setzen Sperber auf den Überraschungseffekt

- **Körperlänge:** 28–38 cm
- **Gewicht:** 110–340 g
- **Nahrung:** ausschließlich kleine Vögel
- **Gelege:** 4–6 Eier (April–Juni)

Mäusebussard

Buteo buteo

Der Mäusebussard gehört zu den häufigsten und am weitesten verbreiteten Greifvögeln in Europa. Bis auf Teile Nordeuropas kommt er fast flächendeckend vor. Den typischen Lebensraum bilden Felder, die von Hecken und Wäldern unterbrochen sind. Doch auch in abgelegenen Moor- und Heidegebieten ist die Art vertreten. Oft sieht man die großen bräunlichen Vögel auf einem Pfosten oder in der Krone eines einzeln stehenden Baumes sitzen. Ebenso häufig kreisen sie ausdauernd in der Thermik. Sie ernähren sich in erster Linie von Nagetieren wie Feld- und Wühlmäusen.

- **Körperlänge:** 51–57 cm
- **Gewicht:** 450–1 350 g
- **Nahrung:** kleine Nager (Wühlmäuse)
- **Gelege:** 2–4 Eier (April–Juni)

Steinadler

Aquila chrysaetos

- **Körperlänge:** 75–90 cm
- **Gewicht:** 2,8–6,6 kg
- **Nahrung:** Murmeltiere, andere Säugetiere, Vögel
- **Gelege:** 2 Eier (März–Mai)

Der mächtige Vogel lebt in abgelegenen Berg- und Hügellandschaften Europas, vor allem im Norden. Im Tiefland ist er so gut wie ausgestorben. Als Lebensraum bevorzugen Steinadler ausgedehnte, nicht zu dichte Wälder mit Mooren und anderen offenen Flächen. Auf unzugängliche Felsen bauen sie ihren Horst, den sie jedes Jahr ausbessern und erweitern. Die beiden Eier bebrütet das Weibchen allein. Von den Jungen überlebt in der Regel nur das Erstgeschlüpfte. Das kleinere Küken fällt meist den Attacken des älteren Geschwisters zum Opfer.

Fischadler

Pandion haliaetus

- **Körperlänge:** 50–58 cm
- **Gewicht:** 1,1–2 kg
- **Nahrung:** ausschließlich Fische
- **Gelege:** 2–3 Eier (April–Juni)

Fischadler brüten in Nord- und Osteuropa sowie im nördlichen Mitteleuropa. Bereits im August oder September verlassen sie ihre Brutgebiete und fliegen ins westliche Afrika. Dort verbringen sie den Winter. Der Heimzug findet im April statt. Diese Greifvögel ernähren sich ausschließlich von Fischen, daher sieht man sie stets an Seen, Teichen und großen Wasserläufen. Auf der Jagd kreist der Fischadler in größerer Höhe über einer Wasserfläche. Sobald er einen Fisch entdeckt hat, rüttelt er auf der Stelle, steigt stufenweise tiefer und stürzt sich schließlich mit vorgestreckten Fängen auf sein Opfer.

Turmfalke

Falco tinnunculus

Die verbreitetsten Falken Europas sind vorwiegend in Lebensräumen anzutreffen, die Grasflächen und einen geringen Baumbestand aufweisen. Dazu zählen etwa Küstendünen, Straßenböschungen, Getreidefelder, Almen, Torfmoore und städtische Grünflächen. Zum Nisten benötigen die Vögel Gebiete mit einzelnen Bäumen und Gebäuden wie Scheunen oder Bauernhöfen sowie hohe Bauten wie Türme oder Strommasten. Im Gebirge bauen die Falken ihr Nest in Felswände. Häufig sieht man sie dabei, wie sie rüttelnd über einer Wiese nach Beute Ausschau halten.

- **Körperlänge:** 32–39 cm
- **Gewicht:** 135–315 g
- **Nahrung:** kleine Nager, Vögel, Insekten
- **Gelege:** 3–6 Eier (April–Juni)

Baumfalke

Falco subbuteo

Diese eleganten kleinen Falken besiedeln fast ganz Europa mit Ausnahme von Teilen Nordeuropas. Den Winter verbringen sie im südlichen und westlichen Afrika. Zum Jagen kreisen sie in großer Höhe über Feuchtwiesen, Sümpfen und Wasserflächen. Als äußerst wendige Luftjäger erbeuten Baumfalken sogar so schnelle Vögel wie Segler und Schwalben. Wenn zu bestimmten Zeiten viele Insektenarten schlüpfen (z. B. Eintagsfliegen, Steinfliegen, fliegende Ameisen, Libellen), kann man oft mehrere Baumfalken gemeinsam bei der Jagd beobachten. Ihre Nester bauen diese Greifvögel in großen Bäumen.

- **Körperlänge:** 28–36 cm
- **Gewicht:** 130–340 g
- **Nahrung:** kleine Vögel, Insekten
- **Gelege:** 3 Eier (Juni–Juli)

Wanderfalke

Falco peregrinus

- **Körperlänge:** 39–50 cm
- **Gewicht:** 550–1 500 g
- **Nahrung:** ausschließlich Vögel (Tauben, Amseln etc.)
- **Gelege:** 3–4 Eier (März–April)

Wanderfalken sind in Europa inselartig verbreitet. Meist bleiben sie ganzjährig in ihrem Brutgebiet. Nur die nord- und nordosteuropäischen Populationen ziehen. Die Falken nisten in Nischen in Felsen oder Steilhängen. In manchen Städten belegen sie auch Nistkästen an hohen Gebäuden. Im Winter kommen sie fast überall vor, auch in Ebenen und an der Küste. Besonders zahlreich sind sie an Stellen anzutreffen, an denen sich viele Vögel sammeln. Wanderfalken sind rasante Jäger. Wenn sie sich mit angelegten Flügeln von oben auf ihre Beute stürzen, können sie über 200 km pro Stunde erreichen.

Rothuhn

Alectoris rufa

- **Körperlänge:** 32–38 cm
- **Gewicht:** 390–550 g
- **Nahrung:** Samen, Blätter, Insekten
- **Gelege:** 10–16 Eier (Mai–Juni)

Das Rothuhn besiedelt West- und Südwesteuropa, in Mitteleuropa ist es ausgestorben. Es bevorzugt sonniges, trockenes Gelände mit Büschen und felsigen Abschnitten. Einen idealen Lebensraum findet es in der Strauchheide und in steinigen Hügellandschaften im Mittelmeerraum. Gewöhnlich halten sich die Tiere am Boden auf, bei Gefahr fliegen sie jedoch rasch davon. Für das Nest scharrt das Männchen eine flache Mulde an einer geschützten Stelle im Boden, die mit Pflanzenmaterial ausgelegt wird. Die Eier bebrütet vorwiegend das Weibchen. Manche Männchen verpaaren sich mit zwei Weibchen. Die Jungen sind Nestflüchter.

Rebhuhn

Perdix perdix

Rebhühner kommen weit verbreitet in Europa vor. Einzige Ausnahmen bilden der größte Teil Nordeuropas, die Iberische Halbinsel und die Alpen. Die Tiere besiedeln in erster Linie Getreide- und Gemüsefelder, aber auch von Hecken und Brachen gesäumte Wiesen. Rebhühner fliegen nicht gerne, sie flüchten im Laufen und erheben sich nur im äußersten Notfall in die Luft. Die Vögel bilden dauerhafte Familien. Als Standvögel bleiben sie das ganze Jahr über in ihrem Brutgebiet. Während der kalten Jahreszeit suchen sie häufig auf abgeernteten Feldern nach Futter.

- **Körperlänge:** 29–31 cm
- **Gewicht:** 310–450 g
- **Nahrung:** Samen, Blätter, Beeren
- **Gelege:** 10–20 Eier (Mai–Juni)

Fasan

Phasianus colchicus

Der ursprünglich aus Asien stammende Vogel wurde zu Jagdzwecken in Europa eingeführt und kommt heute fast überall vor. Die Zahl der Tiere nimmt jeweils zum Sommerende zu, wenn gebietsweise Millionen von Vögeln für die Jagd ausgesetzt werden. In Bergregionen mit starkem Schneefall trifft man Fasane etwas seltener an. Sie bevorzugen ländliche Gebiete mit Feldern, Weiden, Hecken und Gehölzen. Auch suchen die Tiere die Nähe zum Wasser. Sie sind am frühen Morgen und am Abend besonders aktiv. Dann picken sie Futter im hohen Gras, ohne sich dabei zu weit von ihrem Unterschlupf zu entfernen.

- **Körperlänge:** 53–89 cm
- **Gewicht:** 550–2 000 g
- **Nahrung:** hauptsächlich Samen, Insekten
- **Gelege:** 8–15 Eier (März–Juni)

Teichhuhn

Gallinula chloropus

Teichhühner sind scheuer als ihre Verwandten, die Blässhühner. Als Lebensraum bevorzugen sie Teiche und langsam fließende Gewässer mit hoher Ufervegetation. Die Vögel kommen fast überall in Europa vor. Nur auf Island und im Norden fehlen sie. Sie sind in der Regel Einzelgänger. Da sie ungern auf dem offenen Wasser schwimmen, bleiben sie vorwiegend in Ufernähe und flüchten beim leisesten Anzeichen von Gefahr. Zuweilen suchen sie ihr Futter auch am Ufer zwischen Schilf und Ried, im Gras oder auf schlammigen Abschnitten.

- **Körperlänge:** 32–35 cm
- **Gewicht:** 250–400 g
- **Nahrung:** hauptsächlich Pflanzenmaterial, Muscheln, Insekten
- **Gelege:** 5–9 Eier (April–Juli)

Blässhuhn

Fulica atra

Zu den bekanntesten Wasservögeln gehören die Blässhühner, die oft fälschlich als Enten bezeichnet werden. In Wirklichkeit gehören sie zur Familie der Rallen. Die Vögel brüten in fast ganz Europa. Ausnahmen bilden nur Island und weite Teile Nordeuropas. Sie leben auf Seen, Teichen und langsam fließenden Flüssen mit üppiger Wasser- und Ufervegetation. Meist schwimmen sie gut sichtbar in Ufernähe, manchmal verstecken sie sich auch im Schilf oder Ried. Im Winter schließen sie sich zu großen Gruppen zusammen, die sich häufig auf dem offenen Wasser aufhalten.

- **Körperlänge:** 36–38 cm
- **Gewicht:** 600–900 g
- **Nahrung:** Pflanzenmaterial und Wasserinsekten
- **Gelege:** 6–10 Eier (März–Juli)

Kranich

Grus grus

Ihre trompetenartigen Rufe und die spektakulären Balztänze haben die Kraniche berühmt gemacht. Ihre Brutgebiete liegen vor allem in Fennoskandien und Osteuropa sowie im nordöstlichen Mitteleuropa. Den Winter verbringen die Vögel im Süden der Iberischen Halbinsel und in Nordwestafrika. Auf dem Weg dorthin lassen sie sich in großen Scharen auf Feldern rund um Seen nieder, z. B. am Lac du Der in der französischen Champagne. Einige tausend Vögel überwintern sogar dort. Anfang März fliegen sie zurück in ihre Brutgebiete, meist Feuchtgebiete in der nördlichen Waldzone wie Moore und Bruchwälder.

- **Körperlänge:** 1,10–1,30 m
- **Gewicht:** 3,9–7 kg
- **Nahrung:** Samen, Triebe, Insekten, Würmer
- **Gelege:** 2 Eier (Mai–Juni)

Austernfischer

Haematopus ostralegus

Austernfischer brüten an Küsten und entlang großer Flüsse im Binnenland. Sie sind vorwiegend im nördlichen Europa anzutreffen. An den Mittelmeerküsten nisten sie dagegen nur an wenigen Stellen. Die Winterquartiere reichen von Großbritannien bis Nordwestafrika. Zu den bevorzugten Lebensräumen der Austernfischer zählen schlammige Buchten und Mündungsgebiete von Flüssen. Sie fühlen sich aber auch an Felsenküsten mit Algenbewuchs wohl. Bei Flut ziehen sie sich in Schwärmen an die Küste zurück, wo sie auf Felsen rasten, bis das Wasser abfließt. Zur Balzzeit führen sie lautstarke „Trillerkonzerte" auf.

- **Körperlänge:** 40–45 cm
- **Gewicht:** 400–745 g
- **Nahrung:** Weichtiere und Würmer, Krebstiere
- **Gelege:** 3 Eier (April–Mai)

Stelzenläufer

Himantopus himantopus

- **Körperlänge:** 35–40 cm
- **Gewicht:** 140–290 g
- **Nahrung:** Insekten und deren Larven im Wasser
- **Gelege:** 4 Eier (April–Mai)

Stelzenläufer fallen schon von weitem durch ihre extrem langen Beine und den feinen geraden Schnabel auf. Sie sind vor allem in Süd- und Westeuropa verbreitet. Zur Überwinterung ziehen sie nach Afrika südlich der Sahara. Als typische Bewohner seichter Gewässer siedeln sich Stelzenläufer in Lagunen, Salzpfannen und Küstensümpfen an. Ihre Nahrung suchen sie allerdings auch auf überschwemmten Wiesen und in frisch angesäten Reisfeldern. Die Nester liegen in unmittelbarer Nähe seichter Gewässer, häufig etwas erhöht auf getrocknetem Schlamm.

Säbelschnäbler

Recurvirostra avosetta

- **Körperlänge:** 42–46 cm
- **Gewicht:** 220–400 g
- **Nahrung:** kleine Krebstiere und Würmer
- **Gelege:** 3–4 Eier (April–Mai)

Säbelschnäbler halten sich bevorzugt in der Nähe des Meeres auf, vor allem in Küstensümpfen und Salzmarschen. Ihr Verbreitungsgebiet umfasst in erster Linie die Küsten der Nord- und Ostsee; am Mittelmeer treten sie nur stellenweise auf. In Südosteuropa kommen sie auch im Binnenland vor. Die Vögel sind gesellig und suchen die Nähe von Artgenossen, weshalb man oft Trupps gemeinsam bei der Futtersuche beobachten kann. Ihre Nahrung finden sie, indem sie mit seitlichen Bewegungen des Kopfes den leicht nach oben gebogenen Schnabel durch das Wasser oder den nassen Schlick ziehen.

Flussregenpfeifer

Charadrius dubius

Flussregenpfeifer brüten fast überall in Europa außer auf Island, in Irland und Teilen Nordeuropas. Den Winter verbringen die Zugvögel im tropischen Afrika. Flussregenpfeifer leben an Stränden und auf Sand- und Kiesinseln in langsam fließenden Gewässern. Ebenso besiedeln sie einsame Salzmarschen in Küstennähe. In Bergregionen kommen sie dagegen nicht vor. Sie bleiben stets in Wassernähe und sitzen meist am Boden zwischen den Steinen. Hier erkennt man sie nur sehr schlecht und sieht sie häufig erst, wenn sie sich bewegen. Die Eier werden direkt auf den kiesigen Untergrund gelegt.

- **Körperlänge:** 14–15 cm
- **Gewicht:** 30–50 g
- **Nahrung:** Insekten, Spinnen, Würmer
- **Gelege:** 4 Eier (April–Juni)

Kiebitz

Vanellus vanellus

Kiebitze brüten in weiten Teilen Europas, ihre Winterquartiere liegen in West- und Südeuropa sowie im Mittelmeerraum. Bereits ab Ende Februar kehren die Vögel in die Brutgebiete zurück. Dann vollführen die Männchen atemberaubende Schauflüge um die Gunst der Weibchen. Kiebitze besiedeln Feuchtwiesen, Moor- und Sumpflandschaften, aber auch Weiden und abgeerntete Felder. Die geselligen Vögel suchen häufig in Trupps nach Nahrung. Charakteristisch sind ihre „Fußtriller“. Dabei klopfen sie mit einem Fuß in rascher Abfolge auf den Boden, um Würmer aus der Erde zu locken.

- **Körperlänge:** 28–31 cm
- **Gewicht:** 130–330 g
- **Nahrung:** Insekten, deren Larven, Würmer
- **Gelege:** 4 Eier (März–Juni)

- **Körperlänge:** 16–20 cm
- **Gewicht:** 35–70 g
- **Nahrung:** kleine Wirbellose, Insekten
- **Gelege:** 3–4 Eier (April–Juni)

Alpenstrandläufer

Calidris alpina

Die Brutgebiete der Alpenstrandläufer liegen im nördlichen Europa, wobei die südlichste Verbreitungsgrenze durch Norddeutschland und Polen verläuft. Die Winterquartiere reichen von den Küsten Westeuropas über den Mittelmeerraum bis Afrika und Asien. Alpenstrandläufer brüten in Feuchtwiesen, Heide- und Moorlandschaften und in der Tundra. Meist liegen die Nester gut versteckt in der Vegetation. Ihr Futter suchen die Vögel im Uferschlamm von Flussmündungen, Buchten, Seen und Teichen. Während des Zugs sammeln sie sich in riesigen Schwärmen.

- **Körperlänge:** 25–27 cm
- **Gewicht:** 75–180 g
- **Nahrung:** Insekten, Würmer, kleine Weichtiere
- **Gelege:** 4 Eier (April–Mai)

Bekassine

Gallinago gallinago

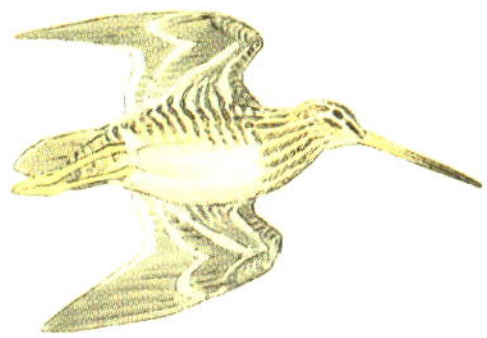

Bekassinen besiedeln ein großes Areal, das sich vorwiegend über die Nordhälfte Europas erstreckt. Die Winterquartiere der meisten europäischen Populationen liegen im Nordseeraum, in West- und Südeuropa sowie in Nordafrika. Bekassinen brüten in Feuchtwiesen und Mooren, ihr Futter suchen sie vor allem an den schlammigen Ufern größerer Wasserflächen. Am Boden bekommt man die hervorragend getarnten Vögel nur selten zu Gesicht. Meist entdeckt man sie erst, wenn sie kurz vor dem Beobachter aufflattern und in rasantem Zickzackflug davonfliegen.

Großer Brachvogel

Numenius arquata

Der größte Watvogel Europas fällt nicht nur wegen seiner stattlichen Gestalt und seines langen Schnabels, sondern auch akustisch durch seine stimmungsvollen Rufe und Gesänge auf. Das Brutareal dieser Art umfasst die mittleren und nördlichen Breiten Europas. Die Winterquartiere liegen hauptsächlich an den Atlantik- und Mittelmeerküsten, vereinzelt auch im Binnenland. Große Brachvögel bewohnen Feuchtwiesen, Sümpfe, Heiden und Torfmoore. Mit ihrem langen Schnabel stochern sie im Erdreich oder im Schlick nach kleinen Tieren.

- **Körperlänge:** 50–60 cm
- **Gewicht:** 660–900 g
- **Nahrung:** Würmer, Weichtiere, Insekten
- **Gelege:** 4 Eier (März–Mai)

Rotschenkel

Tringa totanus

Rotschenkel brüten in weiten Teilen Nord- und Osteuropas, in Mitteleuropa vorwiegend an der Küste. Die Winterquartiere reichen von Dänemark bis ins westliche Afrika. Zur Zugzeit sammeln sich die Vögel in großen Schwärmen an den Küsten. Rotschenkel besiedeln unterschiedliche Lebensräume und benötigen die Nähe zum Wasser. Man trifft sie an sandigen oder schlammigen Küsten ebenso wie an Fels- und Kiesstränden oder an Gewässerufern im Binnenland. Sie nisten auf Feuchtwiesen und -weiden sowie auf Marschen. Ihr Futter suchen sie im Schlick oder Flachwasser.

- **Körperlänge:** 27–29 cm
- **Gewicht:** 85–190 g
- **Nahrung:** Würmer und andere kleine Tiere
- **Gelege:** 4 Eier (April–Mai)

Flussuferläufer

Actitis hypoleucos

Diese Vogelart brütet fast überall in Europa, vom Tiefland bis in höher gelegene Gebirgsregionen. In Mitteleuropa ist sie in ihrem Vorkommen auf Mittelgebirgs- und Alpentäler beschränkt. Den Winter verbringen die meisten Flussuferläufer in Afrika. Die Vögel bewohnen sandige und steinige Uferregionen. Man findet sie auch am Ufer von Seen, Flüssen und Kiesgruben. Wenn sie gestört werden, flüchten sie mit typischem, vibrierendem Flügelschlag. Die Vögel nisten an schnell fließenden Gewässern mit Büschen und Bäumen am Ufer. Das Nest liegt gut versteckt zwischen Treibgut oder im Pflanzenwuchs.

- **Körperlänge:** 19–21 cm
- **Gewicht:** 35–85 g
- **Nahrung:** hauptsächlich Insekten, andere kleine Tiere
- **Gelege:** 4 Eier (Mai)

Lachmöwe

Larus ridibundus

Lachmöwen brüten in fast ganz Europa mit Ausnahme des Südens und gebirgiger Regionen. Dabei bilden sie häufig große Brutkolonien. Als Lebensraum bevorzugen die Vögel Gebiete mit Seen und Sümpfen. So sind sie an der Küste ebenso wie landeinwärts entlang großer Flüsse oder an den Ufern von Seen und Teichen anzutreffen. Sie besiedeln sogar Parkanlagen von Städten, die an Flüssen liegen. Zur Erntezeit fliegen die Lachmöwen häufig in Schwärmen hinter Traktoren her und fressen Insekten und Regenwürmer, die die Maschinen aufscheuchen oder freilegen.

- **Körperlänge:** 34–37 cm
- **Gewicht:** 190–400 g
- **Nahrung:** Würmer, Insekten, Weichtiere
- **Gelege:** 2–3 Eier (April–Juni)

Heringsmöwe

Larus fuscus

Heringsmöwen sind an den Küsten Nord- und Westeuropas verbreitet. Im Herbst zieht ein Teil der Populationen nach Afrika. Man trifft die Vögel an sandigen oder steinigen Uferabschnitten von Küsten, in Häfen oder auf Inseln in Küstennähe an. Bisweilen begegnet man ihnen auch im Binnenland an Moortümpeln oder auf Inseln in großen Seen. Die Möwen brüten in Kolonien und vergesellschaften sich oft mit anderen Möwenarten. Ihr Nest liegt in der Regel am Boden und gut versteckt in üppiger Vegetation. Die Vögel ernähren sich hauptsächlich von Fischen.

- **Körperlänge:** 52–67 cm
- **Gewicht:** 550–1 200 g
- **Nahrung:** Fische, Würmer, Krebstiere
- **Gelege:** 3 Eier (Mai–Juli)

Silbermöwe

Larus argentatus

Diese Möwenart kommt an den Küsten des westlichen, mittleren und nördlichen Europas bis Nordwestrussland vor. Im Winter wandert sie süd- und westwärts und hält sie sich hauptsächlich an Küsten, in Häfen oder auf Müllplätzen auf. Silbermöwen brüten vornehmlich an den Küsten, dringen aber immer häufiger ins Binnenland vor. So sind sie etwa auch in Städten anzutreffen, die an Flüssen liegen. Dort brüten sie mitunter auf Hausdächern. An der Küste bevorzugen Silbermöwen Lebensräume in direkter Nähe zum Meer, wie z. B. Strände, Dünen, Felsinseln, Klippen oder Häfen.

- **Körperlänge:** 55–67 cm
- **Gewicht:** 700–1 500 g
- **Nahrung:** Fische, Krebstiere, Abfälle, Pflanzen
- **Gelege:** 3 Eier (April–Juli)

Mittelmeermöwe

Larus michahellis

Mittelmeermöwen bewohnen – wie der Name schon vermuten lässt – den Mittelmeerraum sowie das westliche Schwarzmeergebiet. Sie unterscheiden sich von ihren Verwandten, den Silbermöwen, vor allem durch die Farbe der Beine: Diese sind gelb. Im Winter kommen die Möwen in den Küstenregionen Süd- und Westeuropas sowie an vielen großen Flussläufen landeinwärts vor. Am Mittelmeer halten sie sich bevorzugt in Lagunen und an Küstenseen auf, gerne aber auch auf Felsinseln. In jüngster Zeit wandert die Art landeinwärts und hat bereits Brutbestände in Süddeutschland und der Schweiz etabliert.

- **Körperlänge:** 55–67 cm
- **Gewicht:** 800–1 500 g
- **Nahrung:** Fische, Krebstiere, Pflanzenmaterial
- **Gelege:** 3 Eier (März–Juni)

Mantelmöwe

Larus marinus

Mantelmöwen sind die größten Möwen Europas und stärker als die meisten anderen Möwenarten an das Meer gebunden. Selbst im Winter dringen sie nur selten weiter ins Landesinnere vor. Sie besiedeln hauptsächlich die Küsten des nördlichen Europas. Im Winter ziehen sie nach Südwesten. An der deutschen Nord- und Ostseeküste ist die Art ganzjährig anzutreffen. Als Lebensraum bevorzugen Mantelmöwen felsige Abschnitte mit Inseln, doch sie suchen auch Fischerhäfen und Müllkippen im Landesinneren auf. Als Brutplatz wählen die Vögel meist unzugängliche Stellen hoch auf einer Felsklippe.

- **Körperlänge:** 64–78 cm
- **Gewicht:** 1,2–2,3 kg
- **Nahrung:** Fische, Krebstiere, Weichtiere, Vögel, Pflanzen
- **Gelege:** 2–3 Eier (April–Juli)

Brandseeschwalbe

Sterna sandvicensis

Diese Seeschwalbenart kommt an den Küsten des nördlichen Europas von Nordfrankreich, über die Britischen Inseln bis zum Baltikum vor. Den Winter verbringt sie im Mittelmeerraum und in Afrika. Der Rückflug in die Brutgebiete erfolgt im April und Mai. Als Lebensraum bevorzugen Brandseeschwalben reine Sandstrände, möglichst ohne Muschelschalen und mit nur spärlicher Vegetation. Sie sind an Küsten und Lagunen sowie in Mündungsgebieten anzutreffen. Die Brutkolonien liegen meist auf kleinen Inseln in Küstennähe oder an abgelegenen Stränden.

- **Körperlänge:** 36–41 cm
- **Gewicht:** 215–290 g
- **Nahrung:** kleinere Fische
- **Gelege:** 2 Eier (April–Juli)

Flussseeschwalbe

Sterna hirundo

Flussseeschwalben sind die in Europa am weitesten verbreiteten Seeschwalben. Sie fehlen nur auf Island, in Teilen Skandinaviens und des Mittelmeerraums sowie im hohen Norden. Die Überwinterungsgebiete liegen in Afrika südlich der Sahara. Die Vögel nisten in Kolonien an den Küsten und im Binnenland, etwa auf ungestörten Kiesbänken in großen Flüssen. Sie nehmen aber auch künstlich angelegte Nistflöße an. Das Nest liegt in einer flachen Mulde am Boden oder einfach zwischen Kieseln. Bei der Futtersuche fliegen die Seeschwalben ständig über der Wasseroberfläche und halten Ausschau nach kleinen Fischen.

- **Körperlänge:** 31–35 cm
- **Gewicht:** 80–175 g
- **Nahrung:** kleine Fische, manche Krebstiere
- **Gelege:** 1–3 Eier (Mai–Juli)

Felsentaube

Columba livia

- **Körperlänge:** 31–34 cm
- **Gewicht:** 235–535 g
- **Nahrung:** hauptsächlich Samen von Gräsern und Kräutern
- **Gelege:** 2 Eier (April–Oktober)

Felsentauben stammen vom wilden Vorfahren der Haustauben ab, die heute überaus zahlreich in den meisten Städten leben. Sie unterscheiden sich nur wenig von der domestizierten Form. Charakteristische Merkmale sind ihr weißer Bürzel und zwei schwarze Flügelbänder. Felsentauben sind reine Standvögel. Sie kommen im westlichen und südlichen Europa bis Nordafrika und Kleinasien vor. Wie ihr Name schon vermuten lässt, ist diese Art in ihrer Verbreitung an das Vorkommen von Felswänden und Klippen gebunden. Hier brütet sie an unzugänglichen Stellen. Daneben ist sie auch in Höhlen oder Ruinen anzutreffen.

Ringeltaube

Columba palumbus

- **Körperlänge:** 40–42 cm
- **Gewicht:** 460–570 g
- **Nahrung:** Samen, Knospen, grüne Blätter, Beeren
- **Gelege:** 1–2 Eier (März–September)

Ringeltauben sind die größten europäischen Tauben und brüten in ganz Europa mit Ausnahme von Island sowie dem hohen Norden und Nordosten. Die nord- und osteuropäischen Populationen überwintern in Westeuropa, die anderen sind Jahresvögel. Ringeltauben leben in lichten Wäldern und Gehölzen am Rand bestellter Felder. Auch in Städten und selbst in großen Ballungszentren finden sie ein Zuhause in Parks mit gutem Baumbestand oder in Bäumen an Straßenrändern. Das Nest wird in Nadelbäumen oder dicht belaubten Laubbäumen angelegt.

Türkentaube

Streptopelia decaocto

Obwohl Türkentauben erst seit etwa 50 Jahren in Mitteleuropa heimisch sind, findet man sie heute in den meisten Dörfern und Städten. Die Art kommt inzwischen fast überall in Europa vor. Sie fehlt auf Island sowie in weiten Teilen Fennoskandiens und der Iberischen Halbinsel. In Deutschland brütete sie erstmals 1945. Türkentauben sind ganzjährig in Parks und Gärten von Dörfern und Städten zu finden. Sie sitzen meist auf Bäumen, Pfosten oder Stromleitungen. Im Winter lassen sich die zutraulichen Tiere an Futterhäuschen aus nächster Nähe beobachten.

- **Körperlänge:** 31–33 cm
- **Gewicht:** 125–250 g
- **Nahrung:** Samen, Beeren, Knospen
- **Gelege:** 2 Eier (März–April)

Turteltaube

Streptopelia turtur

Diese Taube bewohnt abwechslungsreiches, halb offenes Kulturland mit Feldern, Gehölzen und großen Hecken. Auch auf Ebenen mit Kornfeldern und geringem Baumbestand trifft man sie an. Turteltauben sind in Europa mit Ausnahme Islands, Irlands, Schottlands und Fennoskandiens verbreitet. Den Winter verbringen die Langstreckenzieher in den Savannen Afrikas südlich der Sahara. Turteltauben lassen sich gern auf abgestorbenen Bäumen oder Stromleitungen nieder. Ihre Nahrung suchen sie am Boden in Gebieten mit kurzem Graswuchs.

- **Körperlänge:** 26–28 cm
- **Gewicht:** 100–210 g
- **Nahrung:** Samen, Früchte von Kräutern und Gräsern
- **Gelege:** 1–2 Eier (Mai–August)

Kuckuck

Cuculus canorus

- **Körperlänge:** 32–34 cm
- **Gewicht:** 90–160 g
- **Nahrung:** Insekten (hauptsächlich Raupen)
- **Gelege:** 8–12 Eier (April–Juli)

Jeder kennt seinen Ruf, doch zu Gesicht bekommt man den scheuen Vogel nur höchst selten. Kuckucke besiedeln Gebiete mit Feldern, die an Weiden, Hecken und Gehölze grenzen. Man kann sie anlocken, indem man ihren Ruf nachahmt. Mit etwas Glück nähert sich dann der Revierinhaber, um den vermeintlichen Rivalen zu vertreiben. Kuckucke brüten in ganz Europa mit Ausnahme Islands. Sie überwintern in Afrika südlich der Sahara. Die Brutparasiten legen ihre Eier in die Nester anderer Vogelarten und kümmern sich dann nicht weiter um ihren Nachwuchs.

Schleiereule

Tyto alba

- **Körperlänge:** 33–39 cm
- **Gewicht:** 290–480 g
- **Nahrung:** kleine Nager, manche Vögel
- **Gelege:** 6–9 Eier (April–Oktober)

Schleiereulen bewohnen Kirchtürme und Dachstühle hoher Gebäude sowie Scheunen, Kornspeicher und Taubenschläge. Man trifft sie meist in ländlichen Gebieten an, wo sie auf Feldern, in Obsthainen und Sümpfen jagen. Allerdings bekommt man die Nachtvögel nur selten zu Gesicht. Am ehesten sieht man sie abends im Umkreis einer angestrahlten Kirche. Manchmal entdeckt man sie auch tagsüber schlafend in ihrem Versteck. Die Brutgebiete der Jahresvögel umfassen ganz Europa außer Island, Nordeuropa und den größten Teil Osteuropas.

Zwergohreule

Otus scops

Zwergohreulen bevorzugen wärmere Regionen. Sie besiedeln weite Teile Südeuropas und warme Gebiete in Mitteleuropa. Die südlichen Populationen sind Standvögel, die anderen ziehen nach Afrika. Die nachtaktiven Vögel verschlafen den Tag in einem Baumloch oder im dichten Laub. Nach Sonnenuntergang lassen sie dann ihren typischen pfeifenden Ruf ertönen. Männchen und Weibchen singen bisweilen im Duett. Manchmal kann man die Tiere während der Dämmerung beobachten, wenn sie zur Jagd aufbrechen. Gelegentlich sieht man sie auch nachts im Lichtschein einer Laterne nach Insekten jagen.

- **Körperlänge:** 19–20 cm
- **Gewicht:** 75–95 g
- **Nahrung:** hauptsächlich große Insekten
- **Gelege:** 4–5 Eier (April–Juni)

Steinkauz

Athene noctua

Der kleine Kauz kommt in fast ganz Europa mit Ausnahme des Nordens und Nordostens vor. Er bleibt das ganze Jahr über in seinem Brutrevier. Bevorzugt besiedelt er ländliche Regionen mit Weiden, Feldern und hohlen Bäumen oder Natursteinhäusern. Besonders häufig findet man ihn in Obsthainen, aber auch im Dünengelände und an Steilküsten ist er anzutreffen. Die Vögel sind dämmerungsaktiv und sitzen bei Einbruch der Dunkelheit manchmal auf Pfosten oder abgestorbenen Ästen. Bisweilen sonnen sie sich sogar am helllichten Tag auf einem Steinhaufen oder dem Dach einer Scheune.

- **Körperlänge:** 21–23 cm
- **Gewicht:** 120–265 g
- **Nahrung:** Mäuse, Vögel, Regenwürmer
- **Gelege:** 3–5 Eier (April–Juni)

Waldkauz

Strix aluco

- **Körperlänge:** 37–39 cm
- **Gewicht:** 380–660 g
- **Nahrung:** kleine Nager und Vögel
- **Gelege:** 2–5 Eier (Februar–April)

Der Waldkauz ist in fast ganz Europa vertreten außer in weiten Teilen Nordeuropas. Er besiedelt Laub- und Mischwälder, die einen guten Bestand an alten, hohen Laubbäumen aufweisen. Im Gebirge folgt seine Ausbreitung dem Buchenbestand. In Städten besetzen Waldkäuze nicht selten hohe Bäume in Parkanlagen. Dann kann man sie tagsüber dabei beobachten, wie sie vor dem Eingang ihrer Höhle in der Sonne ruhen. Zur Jagd benötigt der Waldkauz Freiflächen wie Lichtungen, Kahlschläge oder Gewässerufer. Die häufigste Eulenart Mitteleuropas ist ein Standvogel und ausgesprochen reviertreu.

Waldohreule

Asio otus

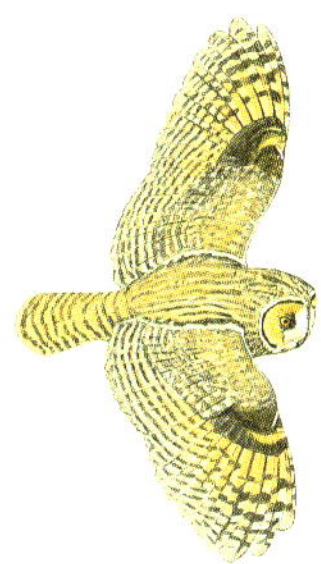

- **Körperlänge:** 35–37 cm
- **Gewicht:** 220–370 g
- **Nahrung:** kleine Nager, Vögel
- **Gelege:** 3–5 Eier (März–Mai)

Diese sehr ansprechend gefärbten Eulen jagen nachts und bleiben tagsüber meist unentdeckt. Sie beginnen mit der Jagd bei Einbruch der Dunkelheit. Den Tag verbringen sie gut versteckt, oft dicht an einen mit Efeu bewachsenen Baumstamm gedrängt. Die Vögel bewohnen Gehölzränder und Hecken in der Nähe von Feldern, Wiesen oder Sümpfen, wo sie Nahrung finden. Während der Wintermonate bilden die Eulen in Nadelgehölzen Schlafgemeinschaften mit zum Teil mehreren Dutzend Artgenossen. Sie kommen fast überall in Europa vor. Ausnahmen bilden große Teile Nordeuropas und einige Gebiete in Südeuropa.

Mauersegler

Apus apus

Keine andere Vogelgruppe ist so extrem an den Luftraum angepasst wie die Segler. Die Vögel schlafen, fressen und paaren sich sogar im Flug. Mauersegler leben in Städten und Dörfern. Ihre schrillen Rufe, die sie während ihrer atemberaubenden Flugmanöver ausstoßen, gehören zu den typischen Lauten eines Sommertages. In Mitteleuropa treffen die Mauersegler zwischen Ende April und Anfang Mai ein. Zu Beginn des August kehren sie bereits nach Afrika zurück. Ihre Nester legen die Vögel meist in Nischen unter den Dächern hoher Gebäude an.

- **Körperlänge:** 16–17 cm
- **Gewicht:** 30–55 g
- **Nahrung:** kleine Fluginsekten, Spinnen
- **Gelege:** 2–3 Eier (Mai–Juli)

Alpensegler

Apus melba

Alpensegler kommen im südlichen und westlichen Teil Europas vor. In Mitteleuropa brüten sie vor allem in der Schweiz und in Österreich. Sie überwintern in Afrika. Genau wie Mauersegler verbringen auch sie den größten Teil ihrer Zeit im Flug. Dabei erreichen sie noch höhere Geschwindigkeiten: im Normalflug etwa 100 km/h, im rasanten Verfolgungsflug bis 250 km/h. Häufig legen die Vögel an einem Tag Hunderte von Kilometern zurück. Die Art nistet in Kolonien, meist in Felswänden über Tälern und Schluchten, aber auch an Steilküsten. In hohen Gebäuden legen sie dagegen ihre Nester eher selten an.

- **Körperlänge:** 20–22 cm
- **Gewicht:** 75–125 g
- **Nahrung:** Fluginsekten und Spinnen
- **Gelege:** 2–3 Eier (April–Juni)

Eisvogel

Alcedo atthis

- **Körperlänge:** 16–17 cm
- **Gewicht:** 35–55 g
- **Nahrung:** kleine Fische, Wasserinsekten
- **Gelege:** 6–7 Eier (April–August)

Eisvögel kommen in den meisten Gebieten Europas vor, nur in weiten Teilen des Nordens fehlen sie. Man findet sie stets in Wassernähe an Flüssen und Seen mit sandigen Steilufern. In die Uferböschung graben die Paare eine bis zu 1 m tiefe Höhle, die am Ende zu einer geräumigen Brutkammer erweitert ist. Hier werden die Eier abgelegt. Die Vögel sitzen oft im Schatten von Pflanzen, gut getarnt auf abgestorbenen Ästen oder Pflöcken direkt über dem Wasser. Wenn sie einen anderen Platz aufsuchen, fliegen sie dicht über der Wasseroberfläche, so dass nur das schillernde Blau von Rücken und Flügel aufblitzt.

Bienenfresser

Merops apiaster

- **Körperlänge:** 27–29 cm
- **Gewicht:** 50–80 g
- **Nahrung:** Bienen, Wespen, Hummeln
- **Gelege:** 6–7 Eier (Mai–Juni)

Bienenfresser kommen in wärmeren Regionen, hauptsächlich auf der Iberischen Halbinsel, in den Mittelmeerländern und in Osteuropa, vor. Sie überwintern in Afrika. Die Vögel halten sich bevorzugt in sonnigem Gelände auf, meist in der Nähe von Wasser. Ebenso müssen Bäume als Ansitzwarten vorhanden sein sowie sandige Uferböschungen. In diese graben die Bienenfresser bis zu 1,5 m lange Röhren, die in einer Brutkammer enden. Die geselligen Vögel brüten stets in Kolonien. Bienenfresser sind sehr gewandte Flieger und erbeuten ihre Nahrung – ausschließlich fliegende Insekten – im schwalbenähnlichen Flug.

Blauracke

Coracias garrulus

Blauracken bewohnen offene Landschaften in West-, Süd- und Osteuropa. Sie überwintern in Afrika südlich der Sahara. Als Offenlandbewohner besiedeln sie hauptsächlich Feldränder in Gegenden mit trockenen Böden und Brachland. Allerdings müssen dort hohe Bäume und erhöhte Ruheplätze wie abgestorbene Bäume, Pfähle und Stromleitungen vorhanden sein. Von einer hoch gelegenen Ansitzwarte aus hält die Blauracke nach Beute Ausschau. Sie ist ein Höhlenbrüter und nutzt für die Aufzucht ihrer Jungen Baumhöhlen wie Spechtlöcher, aber auch künstliche Nistkästen.

- **Körperlänge:** 30–32 cm
- **Gewicht:** 110–190 g
- **Nahrung:** hauptsächlich Insekten, Eidechsen, Mäuse
- **Gelege:** 3–5 Eier (Juni–Juli)

Wiedehopf

Upupa epops

Die Vögel sind mit Ausnahme von Nord- und Nordwesteuropa weit verbreitet. In Südeuropa bleiben sie bisweilen ganzjährig; die meisten Populationen ziehen aber zum Überwintern nach Afrika. Wiedehopfe leben auf Weiden und abgemähten Feldern, in Weingärten, Obsthainen und auf Brachland. Zur Futtersuche benötigen sie offenes Terrain mit niedrigwüchsiger Vegetation. Zum Nisten wählen sie hohle Bäume oder Löcher in Mauern. Trotz ihres auffälligen Gefieders kann man die Tiere am Boden nur schwer entdecken. Im Flug allerdings sind sie unverkennbar.

- **Körperlänge:** 26–28 cm
- **Gewicht:** 50–100 g
- **Nahrung:** Insekten und Larven, andere kleine Tiere
- **Gelege:** 6–8 Eier (März–Juli)

Grünspecht

Picus viridis

- **Körperlänge:** 31–33 cm
- **Gewicht:** 140–200 g
- **Nahrung:** Ameisen und deren Puppen
- **Gelege:** 5–7 Eier (April–Juni)

Grünspechte besiedeln fast ganz Europa, nur in einigen Teilen Nordeuropas sind sie nicht vertreten. Sie leben ganzjährig in ihrem Brutgebiet, meist an Waldrändern, in Gehölzen, großen Parkanlagen von Städten und in Hecken auf dem Land. Allerdings benötigen die Vögel stets in unmittelbarer Nähe Wiesen, Weiden oder Grasflächen mit ausreichendem Ameisenbestand. Häufig kann man die Tiere dabei beobachten, wie sie am Boden nach Ameisen suchen oder an Baumstämmen emporklettern. Der Ruf der Grünspechte ähnelt lautem Gelächter und erklingt besonders häufig im Frühling.

Buntspecht

Dendrocopos major

- **Körperlänge:** 22–23 cm
- **Gewicht:** 70–100 g
- **Nahrung:** Insekten, Larven, Samen aus Nadelbaumzapfen
- **Gelege:** 4–7 Eier (April–Juni)

Buntspechte bewohnen Wälder und Gehölze aller Art, darunter auch ausgedehnte Hecken, Obsthaine und große Parks. Sie kommen ganzjährig in fast ganz Europa vor und fehlen nur in Teilen Nordeuropas. Im Frühjahr hört man häufig die Trommelwirbel der Buntspechte. Sie klopfen mit ihren Schnäbeln nicht nur auf hohle Äste, sondern auch auf Blechdächer, Fernsehantennen oder blecherne Kamineinfassungen. Die Jungen werden in einer Baumhöhle aufgezogen, die beide Partner alljährlich neu zimmern. Diese Höhlen dienen wiederum anderen Tieren wie Siebenschläfern und Waldfledermäusen als Heimstatt.

Kleinspecht

Dendrocopos minor

Diese Vogelart ist kaum größer als ein Sperling und damit die kleinste Spechtart Europas. Sie lebt in lichten Wäldern und Gehölzen, häufig auf Pappeln oder Erlen an Wasserläufen. Im Winter suchen die Vögel auch Obsthaine und städtische Parks auf. Da sie so klein sind, wagen sie sich bis auf die dünnsten Äste der Bäume vor. Ihr Ruf besteht aus eine Reihe spitzer „kikikiki"-Schreie, die vor allem im Frühjahr erklingen. Kleinspechte besiedeln weite Teile Europas. Sie fehlen aber in nördlichen Regionen, auf der Iberischen Halbinsel und auf den Mittelmeerinseln.

- **Körperlänge:** 14–15 cm
- **Gewicht:** 15–25 g
- **Nahrung:** Insektenlarven, Raupen
- **Gelege:** 4–6 Eier (April–Juli)

Haubenlerche

Galerida cristata

In den meisten Lebensräumen fällt diese unscheinbare Vogelart kaum auf. Sie bevorzugt flaches, sandiges oder steiniges und nur spärlich bewachsenes Gelände ohne Bäume. Dazu zählen etwa Weinberge, Ödland, Flugplätze, Bahndämme oder verlassene Industriegebiete. Haubenlerchen kommen in weiten Teilen Europas vor, vorwiegend auf der Iberischen Halbinsel sowie im südlichen und östlichen Europa. In Mitteleuropa ist die Art nur spärlich verbreitet. Die Vögel verbringen den größten Teil ihrer Zeit am Boden, lassen sich jedoch nur selten länger nieder. Hohes, dichtes Gras meiden sie.

- **Körperlänge:** 17 cm
- **Gewicht:** 38–52 g
- **Nahrung:** Samen, Blätter, Insekten und Würmer
- **Gelege:** 3–5 Eier (März–Juli)

- **Körperlänge:** 18–19 cm
- **Gewicht:** 30–55 g
- **Nahrung:** Samen, Blätter, Insekten (Sommer)
- **Gelege:** 3–5 Eier (April–Juli)

Feldlerche

Alauda arvensis

Feldlerchen kommen bis in 2700 m Höhe fast überall in Europa vor. Sie fehlen nur auf Island. Die Vögel bevorzugen ländliche Regionen mit Weiden, abgemähten Wiesen oder großen Getreidefeldern. Auch in Gebieten mit ausgedehnten Wiesen ohne Bäume trifft man sie an. Wälder jedoch meiden sie. Von Herbst bis Winterende finden sie sich in großen Schwärmen auf Stoppelfeldern ein. Im Frühjahr sucht sich jedes Lerchenpaar ein Revier. Das Männchen grenzt es gegen Rivalen durch seine Singflüge ab. Dabei steigt es hoch in die Luft empor und singt den ganzen Tag lang unaufhörlich sein melodisches Lied.

- **Körperlänge:** 12 cm
- **Gewicht:** 11–15 g
- **Nahrung:** kleine Fluginsekten
- **Gelege:** 4–6 Eier (Mai–Juli)

Uferschwalbe

Riparia riparia

Sandige Steilufer von Flüssen und Sandhaufen in Kiesgruben ziehen Uferschwalben magisch an, denn sie benötigen diese Biotope für den Nestbau. Die kleinsten Schwalben Europas lassen sich aber auch an Sandsteinklippen und in der Nähe von Lagunen und Salzseen nieder. Die Vögel brüten in weiten Teilen Europas in zum Teil großen Kolonien. Diese befinden sich stets in direkter Nähe zum Wasser. In den ersten Frühlingstagen gesellen sich die Tiere gern zu anderen Schwalbenarten und jagen mit ihnen gemeinsam in rasantem Flug dicht über der Wasseroberfläche. Die Winterquartiere der Art liegen in Afrika südlich der Sahara.

Felsenschwalbe

Ptyonoprogne rupestris

Felsenschwalben nisten in steilen Felsen und auf Felsvorsprüngen, insbesondere in Schluchten. In den Alpen gehen sie bis in Höhen von 2300 m. Das Verbreitungsgebiet dieser Art umfasst Südeuropa und reicht im Norden bis Südbayern. Die Vögel südeuropäischer Populationen überwintern an Ort und Stelle, jene, die weiter nördlich nisten, verlassen ihre Brutgebiete im Oktober und verbringen den Winter im Mittelmeerraum. Zwischen Februar und März kehren sie an ihre Nistplätze zurück. Die Felsenschwalbe zeichnet sich durch ihre rasante, kraftvolle Flugweise aus. Sie ernährt sich von fliegenden Insekten, die sie im Flug schnappt.

- **Körperlänge:** 14,5 cm
- **Gewicht:** 17–33 g
- **Nahrung:** kleine Fluginsekten
- **Gelege:** 3–5 Eier (Mai–Juli)

Rauchschwalbe

Hirundo rustica

Rauchschwalben kennt auf dem Land fast jeder, weil sie ihre Nester meist an oder in Gebäuden errichten. Sie wählen dafür landwirtschaftlich genutzte Bauwerke wie Stallungen, Schuppen oder Kornspeicher, aber auch Garagen. Städte meiden die Vögel dagegen. Zwischen März und April kehren die Rauchschwalben aus Afrika zurück und besetzen ihre Brutgebiete. Diese liegen fast überall in Europa. Im August und vor allem im September sammeln sich große Scharen von ihnen auf Stromleitungen oder im Schilf und fliegen gemeinsam in die Winterquartiere.

- **Körperlänge:** 17–19 cm
- **Gewicht:** 16–24 g
- **Nahrung:** kleine Fluginsekten
- **Gelege:** 4–5 Eier (Mai–August)

- **Körperlänge:** 12,5 cm
- **Gewicht:** 13–23 g
- **Nahrung:** kleine Fluginsekten
- **Gelege:** 3–5 Eier (Mai–August)

Mehlschwalbe

Delichon urbica

Mehlschwalben sind weit in Europa verbreitet. Sie brüten in Dörfern und Städten in Kolonien. Ihre Nester bestehen aus Lehm, den sie mit ihrem zähen Speichel an hohe Gebäude kleben. In den Bergen bauen sie ihre Nester auch in Felsspalten. Wenn zwischen Ende März und Anfang April die ersten Schwalben eintreffen, halten sie sich zunächst eine Zeit lang außerhalb von Siedlungen an Wasserflächen auf. Hier jagen sie die ersten frisch geschlüpften Insekten. Bevor sie im September und Oktober nach Afrika aufbrechen, sammeln sich Mehlschwalben in großer Zahl auf Stromleitungen oder im Röhricht.

- **Körperlänge:** 14,5 cm
- **Gewicht:** 14–23 g
- **Nahrung:** hauptsächlich Insekten, Samen
- **Gelege:** 3–5 Eier (April–Juli)

Wiesenpieper

Anthus pratensis

Die Vögel besiedeln Feuchtwiesen, Heiden, Sümpfe und Torfmoore. Sie sind vor allem in Mittel-, Nord- und Osteuropa verbreitet. Ihre Winterquartiere liegen im südlichen und westlichen Europa. In Deutschland kommt die Art im Norden deutlich häufiger vor als im Süden. Während der kalten Jahreszeit leben Wiesenpieper sehr gesellig. Meist beobachtet man dann einige Dutzend Vögel, die ihr Futter im kurzen Gras suchen. Im Frühjahr balzen die Männchen mit Singflügen um die Gunst der Weibchen. Die Nester werden meist auf einer Wiese, gut geschützt unter einer Grasbülte, anlegt.

Schafstelze

Motacilla flava

Schafstelzen kommen fast überall vor, wo sich überschwemmte Wiesen in der Nähe von Teichen und feuchtem Heideland ausdehnen. Das Verbreitungsgebiet der Art umfasst nahezu ganz Europa mit wenigen Ausnahmen im Norden und Westen. Den Winter verbringen die Vögel in Afrika südlich der Sahara. Schafstelzen leben am Boden, lassen sich aber zuweilen auf Hecken, hohen Gräsern oder Pfosten nieder. Sie sind Charaktervögel der Moore und Feuchtwiesen. Besonders häufig entdeckt man sie auf Weiden zwischen Viehherden. In kleinen Schwärmen suchen sie dort nach Nahrung und erbeuten die vom Weidevieh aufgestöberten Insekten.

- **Körperlänge:** 17 cm
- **Gewicht:** 12–23 g
- **Nahrung:** Insekten, Spinnen, Würmer
- **Gelege:** 4–6 Eier (Mai–Juli)

Gebirgsstelze

Motacilla cinerea

Bergregionen sind die bevorzugten Lebensräume der Gebirgsstelzen. Gegen Sommerende verlassen die Vögel jedoch die Hochlagen und ziehen in Ebenen und an Flussufer, wo milderes Klima herrscht. Im März kehren sie an ihre Brutplätze zurück. Sie nisten fast überall in Europa, in den Alpen bis in 2000 m Höhe. In Nord- und Osteuropa fehlen sie dagegen weitgehend. Gebirgsstelzen leben ausschließlich am Boden. Sie bevorzugen felsige Fluss- und Bachufer, die eine Mischung aus Steinen, Sand und Kies sowie Wasserfälle und -becken aufweisen. Ein typisches Kennzeichen der Vögel ist ihr unablässiges Schwanzwippen.

- **Körperlänge:** 18–19 cm
- **Gewicht:** 14–25 g
- **Nahrung:** hauptsächlich Insekten, kleine Weichtiere
- **Gelege:** 4–6 Eier (April–Juli)

Bachstelze

Motacilla alba alba

Wenn Bachstelzen nicht gerade auf einem Dach sitzen, trippeln sie über den Boden. Die Vögel bevorzugen offenes Gelände mit kurzem Gras, vegetationslosem Erdreich und Steinen, so z. B. Straßenböschungen oder Steinbrüche in Wassernähe. Bachstelzen sind nicht scheu und finden oft in der Nähe von Ansiedlungen einen idealen Lebensraum. Sie nisten auch in einzeln stehenden landwirtschaftlichen Gebäuden, aber auch in Parks und Gärten oder sogar in Hochhäusern und Industrieanlagen. Ihre Verbreitung erstreckt sich über fast ganz Europa.

- **Körperlänge:** 17–18 cm
- **Gewicht:** 16–25 g
- **Nahrung:** fast ausschließlich Insekten
- **Gelege:** 5–6 Eier (April–Juli)

„Trauerbachstelze"

Motacilla alba yarrellii

Die „Trauerbachstelze" ist die britische Unterart der Bachstelze. Sie unterscheidet sich von dieser durch ihr insgesamt dunkleres Gefieder. Die Vögel brüten auf den Britischen Inseln, aber auch in Dänemark, Nordfrankreich und gelegentlich an der mitteleuropäischen Nordseeküste. Genau wie die Bachstelze bevorzugt diese Unterart Regionen mit kurzem Gras und Steinen oder Ödland. Ihr Futter sucht sie entlang der Wasserlinie an Küsten, aber auch an Wegrändern, auf Straßen und Hausdächern sowie auf Industriegelände. Die Männchen vollführen zur Balzzeit Singflüge.

- **Körperlänge:** 17–18 cm
- **Gewicht:** 16–25 g
- **Nahrung:** fast ausschließlich Insekten
- **Gelege:** 5–6 Eier (April–Juli)

Wasseramsel

Cinclus cinclus

Wasseramseln erkennt man leicht an der weißen Kehl- und Bauchpartie. Sie sind in weiten Teilen Europas verbreitet und halten sich stets am Wasser auf. Da sie saubere, schnell fließende Gewässer bevorzugen, leben sie hauptsächlich an Bächen und Flüssen im Bergland. Im Flachland unterhalb von 200 m kommen sie kaum vor. Die Vögel lieben Wasserfälle, Strudel und steinige Ufer. Häufig lassen sie sich auf einem Felsen nieder, der aus dem Wasser ragt. Typisch dabei sind ihre knicksenden Bewegungen. Wenn die Tiere Futter suchen, tauchen, schwimmen und laufen sie unter Wasser.

- **Körperlänge:** 18 cm
- **Gewicht:** 50–85 g
- **Nahrung:** Insekten und Larven im Wasser
- **Gelege:** 4–5 Eier (März–Mai)

Zaunkönig

Troglodytes troglodytes

Der winzige braune Vogel besiedelt vor allem kühle und feuchte Regionen, meist in der Nähe von Flüssen und bis über 2000 m Höhe. Am häufigsten entdeckt man ihn im Gestrüpp, in Hecken und im Unterholz, gelegentlich aber auch in Gärten mit Büschen. Zaunkönige sitzen oft in Bodennähe in dichten, niederen Zweigen. Sie wühlen sich ähnlich wie Mäuse ins Laub und stoßen bei Gefahr schnarrende Rufe aus. Die Vögel brüten fast in ganz Europa mit Ausnahme einiger Regionen im Norden und Nordosten. Vor allem zur Brutzeit fallen die unscheinbaren Tiere durch ihren ungewöhnlich lauten, schmetternden Gesang auf.

- **Körperlänge:** 9–10 cm
- **Gewicht:** 7–11 g
- **Nahrung:** Insekten, kleine Spinnen
- **Gelege:** 5–8 Eier (April–Juli)

Heckenbraunelle

Prunella modularis

- **Körperlänge:** 14,5 cm
- **Gewicht:** 16–25 g
- **Nahrung:** Insekten, im Winter Samen
- **Gelege:** 4–6 Eier (April–Juli)

Heckenbraunellen sind unauffällige Vögel, die in weiten Teilen Europas brüten. Sie kommen hauptsächlich in unterholzreichen Nadel- und Mischwäldern und an gebüschreichen Waldrändern vor. Ebenso häufig trifft man sie aber auch in Gärten und städtischen Parks an. Beobachten lassen sich Heckenbraunellen allerdings nur schwer, da sie die meiste Zeit unter Büschen sitzen oder verdeckt umherhüpfen. Nur im Frühjahr verhalten sie sich auffälliger, wenn die Männchen ihren melodischen, rollenden Gesang vortragen. Meist sitzen sie dabei auf einer hohen Singwarte wie einem Baumwipfel oder einer Fernsehantenne.

Rotkehlchen

Erithacus rubecula

- **Körperlänge:** 14 cm
- **Gewicht:** 14–23 g
- **Nahrung:** Insekten, Würmer, Früchte
- **Gelege:** 4–6 Eier (April–Juli)

Rotkehlchen gehören zu den bekanntesten Vogelarten, weil sich die wenig scheuen Tiere häufig auf Grünflächen beobachten lassen. Dennoch sind sie eigentlich Waldvögel und bevorzugen deshalb die Nähe von Bäumen und Büschen. In Europa sind sie weit verbreitet. Sie meiden nur den höchsten Norden und das Hochgebirge. Meist entdeckt man die Vögel in Parks oder Gärten, wenn sie am Boden umherhüpfen. Bei Gefahr flüchten sie jedoch rasch in ein nahe gelegenes Gebüsch. Während der Brutzeit tragen die Männchen ihr äußerst melodisches, melancholisches Lied vor, das manchmal bis tief in die Nacht erklingt.

Hausrotschwanz

Phoenicurus ochruros

Ursprünglich lebten Hausrotschwänze in trockenen, wenig bewachsenen Gegenden mit Felsvorsprüngen und Geröllflächen. Mittlerweile haben sie sich aber auch an menschliche Behausungen gewöhnt. Daher trifft man sie oft in Städten und Dörfern an. Die Art ist in ganz Europa verbreitet, sie fehlt nur im Norden. Zum Überwintern ziehen die mitteleuropäischen Populationen in den Mittelmeerraum und nach Nordafrika. Hausrotschwänze sieht man oft auf Felsen, Dächern oder Fernsehantennen sitzen und unermüdlich ihr Lied vortragen. Dieses kennzeichnet ein typischer Knirschlaut in der Mitte der Strophe.

- **Körperlänge:** 14,5 cm
- **Gewicht:** 14–18 g
- **Nahrung:** Insekten, Früchte, Beeren
- **Gelege:** 4–6 Eier (April–Juli)

Gartenrotschwanz

Phoenicurus phoenicurus

Dieser prächtig gefärbte Vogel lebt in lichten Laub- und Mischwäldern, in großen, mit Bäumen durchsetzten Hecken und Obsthainen sowie in Gärten und Parks. Im Wald halten sich Gartenrotschwänze meist im oberen Kronenbereich hoher Bäume auf, in Gärten und Obsthainen suchen sie dagegen ihr Futter am Boden. Bisweilen sieht man sie auf Pfosten und niederen Ästen sitzen. Die Art brütet fast überall in Europa und überwintert in Afrika südlich der Sahara. Als Höhlenbrüter sind Gartenrotschwänze auf alte Bäume mit gutem Höhlenangebot angewiesen. Sie nutzen aber auch künstliche Nistkästen.

- **Körperlänge:** 14 cm
- **Gewicht:** 10–20 g
- **Nahrung:** Insekten, Spinnen, manche Beeren
- **Gelege:** 5–7 Eier (Mai–Juni)

Braunkehlchen

Saxicola rubetra

- **Körperlänge:** 12,5 cm
- **Gewicht:** 14–22 g
- **Nahrung:** Insekten, Spinnen, Beeren
- **Gelege:** 5–6 Eier (April–Juli)

Den bevorzugten Lebensraum von Braunkehlchen bilden Feuchtwiesen und Sümpfe mit hohen Gräsern. Die Vögel kommen nirgendwo in großer Zahl vor. Am häufigsten sind sie in Regionen mit Viehzucht und traditioneller Landwirtschaft, insbesondere in Bergregionen bis 2300 m Höhe, anzutreffen. Die Tiere brüten fast überall in Europa mit Ausnahme von weiten Teilen der Iberischen Halbinsel, Island und dem hohen Norden. Sie überwintern in Afrika. Man sieht Braunkehlchen oft auf hohen, trockenen Gräsern, Schilfhalmen, Stacheldrahtzäunen oder Pfosten sitzen.

Schwarzkehlchen

Saxicola torquata

- **Körperlänge:** 12,5 cm
- **Gewicht:** 13–17 g
- **Nahrung:** Insekten, Spinnen, Beeren
- **Gelege:** 4–6 Eier (März–Juli)

Brachland mit hohen Gräsern, Ödland und Gehölze – so sieht der Lebensraum des Schwarzkehlchens aus. Als Charaktervogel der Mittelmeerländer bevorzugt die Art insbesondere sonnige, trockene Regionen wie etwa die mediterrane Macchia. Ebenso ist sie an ungemähten Straßenböschungen und auf brachliegenden Wiesen zu finden. Schwarzkehlchen brüten in weiten Teilen Europas. Sie fehlen auf Island, in Fennoskandien und weitgehend in Osteuropa. Vor allem die nördlichen und östlichen Populationen überwintern auf der Iberischen Halbinsel oder in Nordafrika. Die übrigen Schwarzkehlchen sind Standvögel.

Steinschmätzer

Oenanthe oenanthe

Steinschmätzer sind weit verbreitet in Europa. Nur in Frankreich, Spanien und Mitteleuropa kommen sie eher selten vor oder fehlen. Sie überwintern im tropischen Afrika. Die Vögel bevorzugen weite, übersichtliche Landschaften mit niedrigem oder kargem Bewuchs. Besonders schätzen sie Heide- oder Moorflächen, aber auch Wiesen mit Steinen und Mauern. In Bergregionen sind sie bis auf 2500 m Höhe anzutreffen. Steinschmätzer leben am Boden und lassen sich stets in geringer Höhe auf Felsen, Erdhügeln oder im kurzen Gras nieder. Sie sind das ganze Jahr über territorial und kennzeichnen ihr Revier durch Singflüge.

- **Körperlänge:** 14,5–15,5 cm
- **Gewicht:** 18–30 g
- **Nahrung:** Insekten, Spinnen, Würmer
- **Gelege:** 4–7 Eier (April–Juli)

Mittelmeer-Steinschmätzer

Oenanthe hispanica

Die Vögel besiedeln offene, warme und trockene Landschaften im Mittelmeerraum. Sie leben in felsigen Gebieten mit Büschen in bis zu 600 m Höhe. So sind sie etwa in der Macchia, aber auch in Weinbergen und auf Kalkplateaus anzutreffen. Den Winter verbringen die Zugvögel in Westafrika. Wie alle Steinschmätzer lebt auch diese Art hauptsächlich am Boden. Manchmal sitzen die Vögel aber auch auf Büschen oder in Hecken. Bäume meiden sie in der Regel, dafür lassen sie sich in vegetationsarmen Zonen lieber auf Steinen oder Felsen nieder. Das Nest liegt meist in einer Höhlung unter einem Stein.

- **Körperlänge:** 14,5 cm
- **Gewicht:** 14–26 g
- **Nahrung:** Insekten, Spinnen, Würmer
- **Gelege:** 4–5 Eier (Mai–Juli)

Steinrötel

Monticola saxatilis

- **Körperlänge:** 18,5 cm
- **Gewicht:** 40–65 g
- **Nahrung:** Insekten, Spinnen, Schnecken, Beeren
- **Gelege:** 4–5 Eier (Mai–Juni)

Diese kleinen Drosseln mit der auffälligen Färbung besiedeln sonnige und oft gebirgige Landschaften am Mittelmeer, am häufigsten in Lagen zwischen 1500 und 2700 m Höhe. Ihre Nester bauen die Tiere allerdings in tiefer gelegenen Regionen in Küstennähe. Zum Überwintern ziehen sie ins tropische Afrika. Der Steinrötel hält sich bevorzugt an sonnigen Felsvorsprüngen sowie Geröllhalden mit Steinen und kurzem Gras auf. Häufig postiert er sich gut sichtbar auf Felsen. Seine Nahrung sucht er am Boden. Zur Balzzeit vollführt das Männchen auffällige Singflüge.

Amsel

Turdus merula

- **Körperlänge:** 24–25 cm
- **Gewicht:** 80–150 g
- **Nahrung:** Insekten, Würmer, Beeren
- **Gelege:** 3–5 Eier (März–Juli)

Amseln kommen fast überall vor, wo es Bäume, Büsche und Grasflächen gibt. Ursprünglich waren sie reine Waldbewohner. Mittlerweile sind sie auch in Gehölzen und Hecken sowie in städtischen Parks und Gärten mitten in der Stadt anzutreffen. Die Vögel suchen ihr Futter am Boden im kurzen Gras oder zwischen herabgefallenem Laub. Sie bewegen sich hüpfend fort und flattern bei der geringsten Gefahr zu einer erhöhten Stelle. Am frühen Morgen und Abend stimmen die Männchen ihre wohlklingenden Gesänge hoch oben in den Bäumen an. In Dörfern und Städten sitzen sie auch gern auf Dächern und Fernsehantennen.

Wacholderdrossel

Turdus pilaris

Wacholderdrosseln brüten in Frankreich sowie in Mittel-, Nord- und Osteuropa. Ihre Winterquartiere liegen in West- und Südeuropa, inzwischen aber auch bei uns. Als Lebensräume bevorzugen sie Wiesen, Weiden und Sümpfe, die an Waldrändern oder neben Gehölzen liegen. Wacholderdrosseln sind sehr gesellig und brüten in Kolonien auf Bäumen. Naht ein Feind, greifen sie gemeinsam an und vertreiben den Störenfried mit schnarrenden Rufen und Sturzflügen. Mitunter bespritzen sie ihn sogar mit ihrem Kot. Ihre Nahrung suchen die Vögel sowohl auf Bäumen als auch am Boden.

- **Körperlänge:** 25,5 cm
- **Gewicht:** 80–120 g
- **Nahrung:** Würmer, Insekten, Beeren
- **Gelege:** 5–6 Eier (März–Juni)

Singdrossel

Turdus philomelos

Singdrosseln leben in Laub- und Mischwäldern sowie in städtischen Parks und Gärten. Sie kommen fast überall in Europa mit Ausnahme einiger Regionen im hohen Norden vor. Den Winter verbringen sie in Süd- und Westeuropa sowie in Nordafrika. Singdrosseln sind bekannt für ihren melodischen, abwechslungsreichen Gesang, der dem der Amsel ähnelt. Allerdings wiederholt die Drossel im Gegensatz zur Amsel jede Strophe 2- bis 4-mal. Mitunter imitiert sie sogar die Stimmen anderer Vogelarten. Ihre Singwarte bezieht die Drossel gern hoch oben auf den Wipfeln von Bäumen, ihr Futter sucht sie dagegen am Boden.

- **Körperlänge:** 23 cm
- **Gewicht:** 50–100 g
- **Nahrung:** Insekten, Schnecken, Würmer, Beeren
- **Gelege:** 3–5 Eier (März–Juli)

Rotdrossel

Turdus iliacus

- **Körperlänge:** 21 cm
- **Gewicht:** 45–90 g
- **Nahrung:** Regenwürmer, Insekten, Beeren, Früchte
- **Gelege:** 3–8 Eier (April–Juni)

Die kleine Rotdrossel ist ein Charaktervogel der eurasischen Taiga. Sie bewohnt hauptsächlich Island, Fennoskandien und Russland. Den Winter verbringt sie in Süd- und Westeuropa sowie in Nordafrika. In Mitteleuropa sieht man die geselligen Vögel häufig als Durchzügler. Sie sind immer in Scharen unterwegs und schließen sich häufig mit Wacholderdrosseln zu größeren Trupps zusammen. Als Lebensraum bevorzugen Rotdrosseln von Hecken gesäumte Felder und Wiesen sowie Obsthaine, in denen sie Beeren und Früchte finden. Nördlich der Waldzone besiedelt die Art auch Tundragebiete.

Misteldrossel

Turdus viscivorus

- **Körperlänge:** 27 cm
- **Gewicht:** 95–140 g
- **Nahrung:** Insekten, Würmer, Schnecken, Beeren
- **Gelege:** 3–5 Eier (April–Juni)

Misteldrosseln sind ausgesprochene Waldvögel. Sie kommen in lichten, hochstämmigen Misch- und Laubwäldern vor, die an Wiesen oder Viehweiden grenzen. In den Alpen findet man sie bis in 2000 m Höhe, am häufigsten jedoch in Lagen zwischen 900 und 1400 m. Man trifft sie aber auch in Gärten und städtischen Parkanlagen an. Die Art ist fast in ganz Europa verbreitet. Sie fehlt nur im hohen Norden. Im Winter verteidigen die Misteldrosseln zum Teil sehr vehement Misteln und Beeren tragende Bäume gegen andere Vögel. Ansonsten suchen sie ihre Nahrung vorzugsweise am Boden.

Samtkopf-Grasmücke

Sylvia melanocephala

Die Samtkopf-Grasmücke gilt als Charakterart des Mittelmeerraums. Hier ist sie weit verbreitet und kommt stellenweise sehr häufig vor. Die Vögel bewohnen die Macchia, Strauchheide mit Bäumen, Steineichenwälder, Olivenhaine, aber auch Gärten und Hecken. In Norditalien besiedeln sie auch Brachland in subalpinen Regionen. In großen Teilen ihres Areals sind die Grasmücken Standvögel, während einige von ihnen im Herbst nach Westafrika ziehen. Man erkennt die Vögel leicht an ihrem dunklen, schnarrenden Warnruf, der an ein Maschinengewehr erinnert. Ebenso auffällig ist ihr leuchtend roter Lidring.

- **Körperlänge:** 12,5–14 cm
- **Gewicht:** 9–15 g
- **Nahrung:** Insekten, Spinnen, Beeren
- **Gelege:** 3–4 Eier (April–Juli)

Dorngrasmücke

Sylvia communis

Dorngrasmücken leben in offener Landschaft mit dornigen Büschen und Hecken oder niedrigen Bäumen. Auch in Feldgehölzen an Wiesenrändern und Wasserläufen, in Heide- und Moorgebieten, auf Kahlschlägen und an Waldsäumen fühlen sie sich wohl. Geschlossene Wälder meiden sie ebenso wie Siedlungen. Das Verbreitungsgebiet erstreckt sich über fast ganz Europa, nur im hohen Norden fehlt die Art. Die Winterquartiere liegen in Afrika in der Sahelzone. Ihren arttypischen Gesang tragen die Männchen häufig von Buschspitzen oder im Singflug vor.

- **Körperlänge:** 13–15 cm
- **Gewicht:** 11–20 g
- **Nahrung:** Insekten, Spinnen, Beeren
- **Gelege:** 5 Eier (Mai–Juli)

- **Körperlänge:** 13,5–14,5 cm
- **Gewicht:** 15–25 g
- **Nahrung:** Insekten, Spinnen, Beeren
- **Gelege:** 5 Eier (April–Juli)

Mönchsgrasmücke

Sylvia atricapilla

Mönchsgrasmücken sind von allen mitteleuropäischen Grasmückenarten am besten an Waldlebensräume angepasst. Andererseits findet man gerade sie am häufigsten in Gärten und städtischen Parkanlagen. Sie bevorzugen kühle Orte mit hohen Bäumen, dichtem Unterholz und Lichtungen. Das Verbreitungsgebiet dieser Art umfasst beinahe ganz Europa mit Ausnahme weiter Teile im hohen Norden. Überwintert wird überwiegend im Mittelmeerraum und in Nordafrika. Ein Teil der mitteleuropäischen Populationen hat in den vergangenen Jahrzehnten die Zugrichtung geändert und überwintert jetzt in England.

- **Körperlänge:** 10,5–11,5 cm
- **Gewicht:** 6–10 g
- **Nahrung:** kleine Insekten, Raupen, Spinnen
- **Gelege:** 5–6 Eier (April–Juli)

Zilpzalp

Phylloscopus collybita

Der kleine unscheinbare Zilpzalp bleibt meist unentdeckt, obwohl er zu den häufigsten Vögeln Europas zählt. Er kommt fast vor, fehlt aber im hohen Norden und zum Teil auf der Iberischen Halbinsel. Die meisten Zilpzalpe sind Zugvögel. Sie überwintern im Mittelmeerraum und in Afrika. Die Vögel besiedeln Waldränder und Gegenden mit Büschen, Hecken und Gehölzen. Auch in Gärten, Friedhöfen und Parkanlagen trifft man sie an. Typisch für sie ist, dass sie ständig in Bewegung sind und nervös durch das Blattwerk flattern sowie ihr eintöniger Gesang „zilp zalp zelp zilp zalp".

Wintergoldhähnchen

Regulus regulus

Das Wintergoldhähnchen ist neben dem Sommergoldhähnchen die kleinste europäische Vogelart. Es besiedelt weite Teile Europas, fehlt aber im Norden und Nordosten sowie im größten Teil Süd- und Südosteuropas. Den Winter verbringen viele nordeuropäische Goldhähnchen in West- und Südeuropa. In Mitteleuropa sind sie Jahresvögel. Als Lebensraum bevorzugen die Winzlinge Nadelwälder. In Gärten und Parks begnügen sie sich aber auch mit einigen Fichten oder Tannen, die eingestreut zwischen Laubbäumen stehen. Im Gebirge brüten sie bis in 2200 m Höhe.

- **Körperlänge:** 8–10 cm
- **Gewicht:** 5–6 g
- **Nahrung:** kleine Insekten, Spinnen
- **Gelege:** 8–10 Eier (April–Juli)

Sommergoldhähnchen

Regulus ignicapillus

Im Unterschied zu seiner Schwesterart ist das Sommergoldhähnchen kontrastreicher gefärbt. Kennzeichnend sind etwa der weiße Überaugenstreif und der leuchtend orangerote Scheitel beim Männchen. Beide Arten kommen häufig im selben Lebensraum vor. Allerdings ist das Sommergoldhähnchen weniger an Nadelbäume gebunden als die Schwesterart. Man findet es daher auch in Laub- und Mischwäldern, Gehölzen, Hecken, Parks und Gärten. Seine Verbreitung beschränkt sich weitgehend auf West-, Mittel- und Südeuropa. Die mitteleuropäischen Brutvögel überwintern im Mittelmeerraum.

- **Körperlänge:** 8–9 cm
- **Gewicht:** 4–5,5 g
- **Nahrung:** kleine Insekten, Spinnen
- **Gelege:** 7–11 Eier (April–Juli)

Grauschnäpper

Muscicapa striata

Grauschnäpper brüten fast überall in Europa. Ausnahmen bilden Island, die Tundren im hohen Norden sowie Hochgebirgsregionen. Die Winterquartiere liegen im südlichen Afrika. Die Vögel bewohnen lichte Wälder, Waldränder, Parks, Gärten, Feldgehölze und Alleen. Von hoch gelegenen Warten wie Zäunen, Leitungsdrähten oder Ästen aus jagen sie vorbeifliegende Insekten. Bisweilen rütteln sie in der Luft, um ein gelandetes Insekt auszumachen. Grauschnäpper legen ihre Nester in Halbhöhlen an. Dazu zählen Nischen unter Dächern oder an Bäumen unter abstehender Rinde, aber auch Mauerlöcher und rankender Efeu.

- **Körperlänge:** 13,5–14,5 cm
- **Gewicht:** 13–20 g
- **Nahrung:** kleine Insekten, manche Beeren
- **Gelege:** 4–5 Eier (Mai–Juli)

Trauerschnäpper

Ficedula hypoleuca

Trauerschnäpper sind in lichten, unterholzarmen Laub- und Mischwäldern mit alten Bäumen zu finden. In Mitteleuropa besetzen sie vorwiegend Eichen- und Buchenwälder. Ihr Verbreitungsgebiet liegt schwerpunktmäßig im nördlichen und östlichen Europa. In West- und Mitteleuropa ist die Art nur lückenhaft vertreten, im Süden fehlt sie fast vollständig. Die Winterquartiere befinden sich in Afrika. Trauerschnäpper ernähren sich von fliegenden Insekten, die sie von einer Warte aus im Flug erbeuten. Ihren Ansitz beziehen sie meist auf einem Ast oder Pfosten.

- **Körperlänge:** 12–13 cm
- **Gewicht:** 9–17 g
- **Nahrung:** kleine Fluginsekten, Raupen
- **Gelege:** 5–7 Eier (Mai)

Schwanzmeise

Aegithalos caudatus

Waldränder und Hecken in nächster Nähe zu Wiesen und Sümpfen sowie die Bäume am Ufer von Wasserläufen bilden die Lebensräume der Schwanzmeisen. Jedoch sind die Tiere auch an gebüschreichen Dorfrändern in Parks oder in Friedhöfen anzutreffen. Ihre Verbreitung erstreckt sich fast über ganz Europa. Nur im hohen Norden fehlen sie. Viele Schwanzmeisen bleiben ganzjährig in ihren Brutgebieten. Nord- und osteuropäische Populationen wandern in mildere Klimaregionen. Außerhalb der Brutzeit streifen die sehr geselligen Vögel in größeren Gruppen umher. In kalten Winternächten kuscheln sie sich eng aneinander.

- **Körperlänge:** 13,5–14,5 cm
- **Gewicht:** 6–10 g
- **Nahrung:** kleine Insekten, Spinnen
- **Gelege:** 8–10 Eier (März–Juni)

Sumpfmeise

Parus palustris

Sumpfmeisen leben überwiegend in Laubwäldern, aber auch in Obsthainen, Parks, Feldgehölzen und sogar in Städten. Dabei zeigen sie eine gewisse Vorliebe für unterholzreiche Wälder an Wasserläufen. Die Standvögel brüten in weiten Teilen von Europa. Nicht zu finden sind sie allerdings auf der Iberischen Halbinsel, auf Island sowie in großen Teilen Nord- und Nordosteuropas. Im Winter verlassen sie ihr Revier nur selten. Sumpfmeisen sind Höhlenbrüter. Sie bevorzugen Löcher in Baumstämmen oder Ästen, die nur das Weibchen bei Bedarf erweitert, nehmen aber auch Nistkästen gerne an.

- **Körperlänge:** 11–13 cm
- **Gewicht:** 9–13 g
- **Nahrung:** Insekten, Spinnen, Samen
- **Gelege:** 4–9 Eier (April–Juni)

- **Körperlänge:** 11–12 cm
- **Gewicht:** 10–12 g
- **Nahrung:** Insekten, Larven, Samen
- **Gelege:** 5–7 Eier (April–Juni)

Haubenmeise

Parus cristatus

Haubenmeisen sind Nadelwaldbewohner, die jedoch einen gewissen Anteil an Alt- und Totholz benötigen. In Bergregionen brüten sie in Latschenbeständen in mehr als 2000 m Höhe. In tieferen Lagen geben sie sich auch mit einigen Nadelbäumen zwischen Laubbäumen oder mit Buchenhainen zufrieden. Zur Nahrungssuche bevorzugen sie Fichten. Haubenmeisen leben fast überall in Europa. Ausnahmen bilden Italien sowie weite Teile Nord- und Südosteuropas. Im Winter schließen sich die Vögel häufig mit Tannenmeisen oder Goldhähnchen zusammen und suchen mit ihnen gemeinsam im Wald nach Futter.

- **Körperlänge:** 10,5–11,5 cm
- **Gewicht:** 8–11 g
- **Nahrung:** Insekten, Spinnen, Samen
- **Gelege:** 8–10 Eier (April–Juni)

Tannenmeise

Parus ater

Tannenmeisen hört man meist besser, als man sie sieht. Sie leben in Nadelbäumen, die allerdings auch zwischen Laubbäumen eingestreut stehen können. In Südeuropa kommen sie auch in reinen Laubwäldern vor. Ihr Verbreitungsgebiet umfasst den größten Teil Europas. In Island sowie im Norden Fennoskandiens und Russlands fehlen sie. Tannenmeisen sind meist Standvögel, wandern aber bei Nahrungsmangel in andere Regionen ab. Sie sind nicht übermäßig scheu, nähern sich aber nur sehr selten menschlichen Behausungen. Als Höhlenbrüter legen sie ihre Nester meist in morschen Baumstümpfen, Ast- oder Mauerlöchern an.

Blaumeise

Parus caeruleus

Als typische Baumbewohner sind Blaumeisen in der Regel in unterholzreichen Laub- und Mischwäldern, aber auch in Obsthainen und anderen Arten von Gehölzen anzutreffen. Sie zeigen eine Vorliebe für Wälder an Wasserläufen, sind aber auch in Parks, Gärten und Bäumen am Straßenrand zu Hause. Die Art kommt fast überall in Europa vor. Sie fehlt nur im Norden und Nordosten. Populationen, deren Brutgebiete in kühleren Klimaten liegen, wandern im Herbst nach Süden. Im Winter lassen sich Blaumeisen gerne füttern. Ihre Jungen ziehen sie in Baumhöhlen, Mauerlöchern oder Nistkästen auf.

- **Körperlänge:** 11–12 cm
- **Gewicht:** 9–16 g
- **Nahrung:** Insekten, Raupen, Samen
- **Gelege:** 9–13 Eier (April–Juni)

Kohlmeise

Parus major

Kohlmeisen kommen fast überall vor, wo es Bäume gibt – von der Meeresküste bis zur Baumgrenze. Sie bevorzugen lichte Laub- und Mischwälder, sind aber auch in Regionen mit Wiesen und einigen Bäumen wie Obsthainen, Parks und Gärten anzutreffen. Die wenig scheuen Vögel nähern sich häufig menschlichen Behausungen, und zwar sowohl auf dem Land als auch in der Stadt. Im Winter picken die Vögel gern ausgelegte Körner oder Meisenknödel. Kohlmeisen brüten in Baumlöchern, aber auch in Nistkästen oder anderen künstlichen Höhlungen.

- **Körperlänge:** 12–14,5 cm
- **Gewicht:** 15–22 g
- **Nahrung:** Insekten, Spinnen, Samen
- **Gelege:** 7–11 Eier (April–Juni)

Kleiber

Sitta europaea

Kleiber laufen geschickt an Ästen und Baumstämmen entlang und klettern sogar mit dem Kopf voran Stämme hinab. Sie leben überall, wo hohe Bäume mit rissiger Rinde stehen: in Laubwäldern, Parks und alten Obstgärten. Die Vögel turnen meist in den oberen Zweigen herum oder sitzen mit nach unten gewandtem Kopf am oberen Ende eines Baumstamms. Im Winter entfernen sie sich kaum aus ihrem Revier, schließen sich zuweilen aber Meisenscharen an oder suchen Futterplätze in Gärten auf. Sie kommen fast überall in Europa vor. Ausnahmen bilden der Norden und Nordosten.

- **Körperlänge:** 13–14,5 cm
- **Gewicht:** 20–25 g
- **Nahrung:** Insekten, Spinnen, Samen
- **Gelege:** 6–8 Eier (März–Mai)

Gartenbaumläufer

Certhia brachydactyla

Die meiste Zeit verbringen Gartenbaumläufer damit, unter abgeplatzter Rinde von Baumstämmen und Zweigen nach Insekten zu suchen. Die Vögel bewohnen Wälder, Gehölze, Obsthaine, Parks und Gärten, sofern dort alte Bäume mit rissiger Rinde stehen. Sie kommen in weiten Teilen Europas vor, fehlen jedoch im Norden und Osten. Weithin hörbar sind ihre spitzen Rufe, doch das braun gemusterte Gefieder bietet eine so gute Tarnung, dass man die Vögel nur schwer entdeckt. Ein typisches Verhalten des Gartenbaumläufers ist es, an den Fuß eines Stamms zu fliegen und diesen spiralförmig emporzuklettern.

- **Körperlänge:** 12–13 cm
- **Gewicht:** 7–10 g
- **Nahrung:** kleine Insekten und Spinnen
- **Gelege:** 5–6 Eier (April–Juli)

Pirol

Oriolus oriolus

Das gelbe Gefieder des Pirols wirkt auf den ersten Blick sehr auffällig. Dennoch gelingt es dem Vogel hervorragend, sich im dichten Laub der Bäume zu verbergen. Er bevorzugt lichte Wälder, die an Feuchtwiesen grenzen, sowie Pappelhaine an Wasserläufen oder Bäume in Sümpfen. Meist hält er sich in den Baumkronen auf. In Bodennähe dagegen kommt er nur sehr selten. Pirole brüten fast flächendeckend in Europa, wobei sie Gebirge sowie den Norden und Nordosten meiden. Generell bleiben sie unter 600 m Höhe. Den Winter verbringen sie im tropischen Afrika.

- **Körperlänge:** 22–25 cm
- **Gewicht:** 70–80 g
- **Nahrung:** Insekten, Spinnen, Früchte
- **Gelege:** 3–4 Eier (Mai–Juli)

Neuntöter

Lanius collurio

Neuntöter sind auf Wiesen und von Hecken gesäumten Weidegebieten, Brachen mit Dornbüschen und in anderen Gegenden mit niedriger Vegetation zu finden. Voraussetzung für ihre Ansiedlung sind Büsche und ein reiches Insektenangebot. Nur selten findet man sie in Regionen mit intensiver Landwirtschaft, weil dort die eingesetzten Insektizide ihre Futterquelle vernichten. Neuntöter kommen in weiten Teilen Europas vor. Sie fehlen im Westen, Norden und Nordosten. Ihre Jagdflüge starten sie von hohen Ansitzwarten wie Pfosten, Zäunen oder Büschen aus.

- **Körperlänge:** 16–18 cm
- **Gewicht:** 25–40 g
- **Nahrung:** hauptsächlich Insekten, Nager, Frösche
- **Gelege:** 5–6 Eier (Mai–Juni)

Raubwürger

Lanius excubitor

Raubwürger stammen ursprünglich aus den borealen Nadelwäldern. Sie sind die größten europäischen Würger und brüten in Nord- und Mitteleuropa. Im Herbst ziehen die nördlichen Populationen bis in den Mittelmeerraum, während die mitteleuropäischen Populationen Standvögel oder Teilzieher sind. Raubwürger leben in offenen Gegenden, die eine abwechslungsreiche Mischung aus Weiden, Wiesen und Sümpfen, Hecken und Gehölze bieten. Auch benötigen sie erhöhte Warten wie Büsche, Strommasten oder -leitungen. Dort sitzen sie oft lange und von weitem gut sichtbar, während sie nach Beute Ausschau halten.

- **Körperlänge:** 24–25 cm
- **Gewicht:** 50–80 g
- **Nahrung:** Insekten, kleine Nager, Vögel
- **Gelege:** 5–6 Eier (April–Mai)

Mittelmeer-Raubwürger

Lanius meridionalis

Der Mittelmeer-Raubwürger wurde früher häufig als Unterart des Raubwürgers betrachtet. Diesem ähnelt er stark und unterscheidet sich in erster Linie durch seine rosafarbene Unterseite. Sein Verbreitungsgebiet umfasst Südfrankreich, die Iberische Halbinsel und Nordafrika. Als Lebensraum bevorzugt er Strauchheide mit niedrigen Kermeseichen, Weinberge in der Nähe von grasbewachsenen Brachen und trockene Regionen mit eingestreuten Büschen. Wie alle Raubwürger lässt sich auch diese Art oft gut sichtbar auf Büschen, Strommasten und -leitungen sowie auf trockenen Bäumen nieder.

- **Körperlänge:** 24–25 cm
- **Gewicht:** 50–70 g
- **Nahrung:** große Insekten, Eidechsen
- **Gelege:** 5–6 Eier (April–Mai)

Rotkopfwürger

Lanius senator

Rotkopfwürger bewohnen die buschreiche Macchia, aber auch Obsthaine, Alleen und Gehölze in der Nähe von Wiesen mit niedrigen Gräsern. Die Vögel sitzen meist in geringer Höhe gut sichtbar auf Büschen und abgestorbenen Ästen oder auf Stromleitungen. Von hier starten sie ihre Jagdflüge. Rotkopfwürger sind hauptsächlich auf der Iberischen Halbinsel, in Frankreich und in den Mittelmeerländern verbreitet. Lokal kommen sie auch im südlichen und östlichen Mitteleuropa vor. Ihre Winterquartiere liegen im tropischen Afrika.

- **Körperlänge:** 16–18 cm
- **Gewicht:** 30–50 g
- **Nahrung:** hauptsächlich Insekten, kleine Nager, Eidechsen
- **Gelege:** 5–6 Eier (Mai–Juni)

Eichelhäher

Garrulus glandarius

Eichelhäher sind ausgesprochene Waldvögel. Sie bewohnen Laub- und Mischwälder und Feldgehölze, man trifft sie aber auch in städtischen Parks und Gärten mit reichem Baumbestand an. Ihre Verbreitung erstreckt sich über fast ganz Europa. Nur in Teilen von Nord- und Nordosteuropa fehlen sie. Im Gebirge gehen die Vögel bis in rund 1500 m Höhe. Eichelhäher verbergen sich häufig zwischen Blättern, suchen ihr Futter jedoch am Boden. Sie tragen erheblich zur Verbreitung von Eichen bei, da sie deren Früchte als Wintervorrat verstecken und viele davon nicht wieder finden.

- **Körperlänge:** 32–37 cm
- **Gewicht:** 145–195 g
- **Nahrung:** Eicheln, Samen, Insekten
- **Gelege:** 5–6 Eier (April–Mai)

Elster

Pica pica

Elstern gehören zu den anpassungsfähigsten Vogelarten überhaupt. Sie bewohnen offene oder halb offene Kulturlandschaften mit Hecken und Gehölzen, Waldränder und lichten, unterholzreichen Wald. Ebenso sind sie aber auch in Dörfern und Städten zu finden, sofern es dort Bäume gibt, in die sie ihr Nest bauen, und Grasflächen, auf denen sie Futter finden können. Dichten Wald meiden sie in der Regel. Elstern sind über ganz Europa verbreitet. Sie fehlen nur auf Island, im Hochgebirge und in der Tundra im hohen Norden. Im Winter schließen sich mehrere Elstern zu kleinen, lärmenden Trupps zusammen.

- **Körperlänge:** 42–50 cm
- **Gewicht:** 155–255 g
- **Nahrung:** Insekten, Schnecken, Würmer, Samen
- **Gelege:** 6–7 Eier (April–Juli)

Alpendohle

Pyrrhocorax graculus

Diese Dohle besiedelt Höhenlagen zwischen 1700 und 2500 m. Sie kommt in den Alpen, den Pyrenäen sowie den Gebirgen auf Korsika, in Italien und auf dem Balkan vor. Die Vögel nisten in Felsen mit Spalten und Höhlen. Ihr Futter finden sie auf Almen und in der Nähe von Berghütten. Auch Wintersportorte suchen sie häufig auf. Alpendohlen sind gesellige Tiere. Meist beobachtet man sie in Gruppen zu mehreren Dutzend. Mit pfeifenden Rufen flattern sie furchtlos über den Köpfen von Wanderern, um Futter zu erhaschen. Dann verschwinden sie plötzlich wieder hinter der nächsten Anhöhe.

- **Körperlänge:** 37–38 cm
- **Gewicht:** 190–230 g
- **Nahrung:** Insekten, kleine Tiere, Früchte und Beeren
- **Gelege:** 3–5 Eier (Mai)

Dohle

Corvus monedula

Häufig kann man Dohlen dabei beobachten, wie sie in Schwärmen um Türme und hohe Gebäude fliegen. Auch in großen, hohlen Bäumen und an Felsen in bis zu 800 m Höhe fühlen sie sich wohl. Sie treten fast immer in Schwärmen auf und suchen ihr Futter auf Feldern und Weiden, häufig in Gesellschaft von Saat- oder Rabenkrähen. Das Verbreitungsgebiet erstreckt sich über fast ganz Europa. Weite Teile des Nordens meiden die Vögel allerdings. Die meisten Dohlen sind Standvögel, nördliche und nordöstliche Populationen ziehen aber nach Südwesten.

- **Körperlänge:** 32–34 cm
- **Gewicht:** 230–250 g
- **Nahrung:** Insekten, Larven, Samen
- **Gelege:** 3–6 Eier (April–Mai)

Saatkrähe

Corvus frugilegus

Saatkrähen sind in Europa weit verbreitet. Sie fehlen jedoch auf Island sowie weitgehend in Fennoskandien, auf der Iberischen Halbinsel und in Südeuropa. Sie brüten in strukturreichem Kulturland mit hohen Hecken, Feldgehölzen, Baumgruppen oder Waldrändern. Ihr Futter suchen die geselligen Tiere in Trupps auf Feuchtwiesen, Weiden und Feldern, aber auch auf Bäumen. Saatkrähenkolonien nisten in hohen Bäumen, die sie in städtischen Parks oder Pappelhainen finden. Im Winter schließen sich die Vögel häufig zu riesigen Schwärmen zusammen.

- **Körperlänge:** 43–48 cm
- **Gewicht:** 400–530 g
- **Nahrung:** Insekten, Würmer, Samen, Feldfrüchte
- **Gelege:** 3–5 Eier (März–April)

Rabenkrähe

Corvus corone

Rabenkrähen leben ganzjährig in Höhenlagen bis zu 2000 m. Sie bevorzugen ländliche Regionen mit Kulturland und Feldgehölzen, Moor- und Heidelandschaften mit Bäumen sowie lichte Waldgebiete. Die Vögel trifft man aber auch in Städten an, vor allem in Alleen und Parks. Sie sind weniger gesellig als Saatkrähen und nisten paarweise. Gelegentlich, besonders gegen Sommerende und im Winter, kann man mehrere Dutzend Tiere gemeinsam beobachten. Das Brutgebiet umfasst den westlichen Teil Europas von Süddänemark bis zur Iberischen Halbinsel.

- **Körperlänge:** 43–49 cm
- **Gewicht:** 450–600 g
- **Nahrung:** Insekten, Würmer, Schnecken, Früchte
- **Gelege:** 4–5 Eier (April–Mai)

Nebelkrähe

Corvus cornix

Nebelkrähen sind sehr eng mit Rabenkrähen verwandt. Im Gegensatz zu diesen besiedeln sie aber den östlichen Teil Europas. In den Gebieten, in denen beide Arten vorkommen, gibt es Mischlinge. Durch die grauen Gefiederpartien lassen sich aber Nebelkrähen deutlich von den rein schwarzen Rabenkrähen unterscheiden. Sie leben bevorzugt in landwirtschaftlich genutzten Gebieten, doch kommen sie auch in Bergregionen bis in 1500 m Höhe vor. Nebelkrähen sind meist paarweise anzutreffen. Bisweilen sieht man kleine Trupps, an Müllplätzen auch größere Schwärme.

- **Körperlänge:** 43–49 cm
- **Gewicht:** 450–600 g
- **Nahrung:** Insekten, Würmer, Schnecken, Früchte
- **Gelege:** 4–5 Eier (April–Mai)

Kolkrabe

Corvus corax

Kolkraben sind die größten Singvögel weltweit. Sie besiedeln vorwiegend Felsregionen im Hochgebirge und steile Klippen an der Küste. Das Verbreitungsgebiet umfasst weite Teile Europas, jedoch fehlt die Art in Teilen Englands, Frankreichs und Mitteleuropas. Als Standvögel bleiben Kolkraben ganzjährig in ihren Brutgebieten. Im Winter bilden sie manchmal größere Schlafgemeinschaften mit Artgenossen. Meist trifft man sie jedoch paarweise an. Typisch für Kolkraben ist ihr krächzender Ruf „kro-kro". Ihr Futter suchen die Abfall- und Aasfresser häufig auf Müllplätzen.

- **Körperlänge:** 60–67 cm
- **Gewicht:** 1–1,4 kg
- **Nahrung:** Aas, Abfall, kleine Wirbeltiere
- **Gelege:** 4–6 Eier (Februar–März)

Star

Sturnus vulgaris

Stare leben in weiten Teilen Europas. Sie fehlen auf der Iberischen Halbinsel, in Teilen Südeuropas, im Hochgebirge und in der Tundra. Nordost- und mitteleuropäische Stare überwintern im südlichen und westlichen Europa sowie in Nordafrika. Die geselligen Vögel, die sich in riesigen Schwärmen sammeln, vollführen häufig synchrone Flugmanöver. Genistet wird allerdings paarweise. Ihren Brutplatz, meist eine Baumhöhle oder ein Nistkasten, besetzen die Stare bereits im Februar. Dann sieht man die Männchen mit heftig rudernden Flügelbewegungen vor ihrem Nistkasten sitzen und ihr Lied singen.

- **Körperlänge:** 17–21 cm
- **Gewicht:** 60–95 g
- **Nahrung:** Insekten, Würmer, Früchte
- **Gelege:** 5–6 Eier (April–Juni)

Einfarbstar

Sturnus unicolor

Einfarbstare haben ein kleines Verbreitungsgebiet, das im Wesentlichen Südwesteuropa und Nordwestafrika umfasst. Sie wählen in der Regel die gleichen Lebensräume wie Stare, also Kulturland und Weidegebiete. Doch scheinen sie sich auch in Dörfern wohl zu fühlen. Im Unterschied zu Staren nisten die Vögel in kleinen Kolonien. Als Brutplätze wählen sie ebenfalls Höhlen oder Löcher in Bäumen und Mauern oder Nischen unter Dächern. In Gebieten, in denen beide Starарten vorkommen, suchen Einfarbstare gern die Gesellschaft der Stare. Genau wie diese bilden sie im Winter Schlafgemeinschaften.

- **Körperlänge:** 17–21 cm
- **Gewicht:** 60–95 g
- **Nahrung:** Insekten, Würmer, Früchte
- **Gelege:** 4–6 Eier (März–Juni)

Haussperling

Passer domesticus

Ungeachtet seines Namens ist der Haussperling ein Vogel, der in freier Natur vorkommt. Gleichwohl lebt er in enger Verbundenheit mit Menschen. Man findet die Vögel fast ausschließlich in Dörfern, Städten und Häfen, ja sogar in Skiorten bis auf 2000 m Höhe. Das Verbreitungsgebiet der anpassungsfreudigen Art ist entsprechend groß und umfasst beinahe ganz Europa. Haussperlinge hüpfen in der Nähe von Häusern auf dem Boden herum, z. B. in Gärten, Parks und Höfen, auf Gehwegen ebenso wie auf Dächern oder Fenstersimsen.

- **Körperlänge:** 13,5–15 cm
- **Gewicht:** 25–35 g
- **Nahrung:** Samen, Früchte, Insekten
- **Gelege:** 4–6 Eier (April–Juli)

Feldsperling

Passer montanus

Anders als Haussperlinge leben Feldsperlinge abseits von Siedlungen und meiden Städte in der Regel. Man findet sie in ländlichen Regionen oder auf Brachland mit Bäumen und Büschen. Die geselligen Vögel bewegen sich meist in kleinen Scharen fort, wenn sie Futter in Obsthainen oder auf Bauernhöfen suchen. Ihr Verbreitungsgebiet erstreckt sich über weite Teile Europas. Die meisten Feldsperlinge sind Standvögel. Nur die Populationen aus dem Nordosten wandern im Herbst in wärmere Regionen. Die Tiere brüten in Baumhöhlen oder Nistkästen, die sie vehement gegen Eindringlinge verteidigen.

- **Körperlänge:** 14 cm
- **Gewicht:** 18–26 g
- **Nahrung:** Samen, Insekten, Früchte
- **Gelege:** 4–6 Eier (April–Juli)

Buchfink

Fringilla coelebs

Buchfinken besiedeln den größten Teil Europas, fehlen aber im höchsten Norden und Nordosten. In den Gebirgen Mitteleuropas kommen sie bis auf 2300 m Höhe vor. Die Populationen aus mittleren und südlichen Breiten sind Stand- oder Strichvögel, während die Vögel aus den nördlichen und östlichen Brutgebieten im Herbst nach Süd- und Westeuropa ziehen. Buchfinken leben in Wäldern, Gehölzen, Hecken, Parkanlagen, Obsthainen oder einzeln stehenden Bäumen. Im Winter trifft man sie auch in Gärten an. Da die Weibchen schneller und weiter ziehen als die Männchen, überwintern diese oft allein in Mitteleuropa.

- **Körperlänge:** 14,5–16 cm
- **Gewicht:** 17–30 g
- **Nahrung:** Samen, Beeren, Insekten
- **Gelege:** 4–5 Eier (April–Juni)

Bergfink

Fringilla montifringilla

Bergfinken brüten in den lichten Laub- und Nadelwäldern der nordischen Taiga. Ihr Verbreitungsgebiet erstreckt sich über Nord- und Nordosteuropa. Den Winter verbringen die Vögel in Mittel-, West- oder Südeuropa, wobei die Zugstrecke abhängig vom Nahrungsangebot ist. Im Winter bilden Bergfinken oft riesige Schwärme, die Millionen von Vögeln umfassen können. Sie fallen vorzugsweise in Buchenwäldern ein, die viele Früchte getragen haben, oder auf abgeernteten Feldern. Einige Bergfinken schließen sich Buchfinkenschwärmen an oder suchen ihr Futter in der Nähe von Siedlungen.

- **Körperlänge:** 14–16 cm
- **Gewicht:** 20–34 g
- **Nahrung:** Insekten, Bucheckern, Samen
- **Gelege:** 4–8 Eier (April–Juni)

Girlitz

Serinus serinus

Girlitze brüten in Teilen Europas mit Ausnahme des Nordens und äußersten Ostens. Im Herbst verlassen fast alle mittel- und osteuropäischen Populationen ihre Brutgebiete und ziehen nach Südwesten oder Nordafrika. Als Lebensräume besiedeln die Vögel halb offene, abwechslungsreich gegliederte Landschaften wie Macchia, Weinberge, Obsthaine, Parkanlagen und Gärten mit Bäumen und kurzem Gras. Außerhalb der Nistzeit sind die Vögel gesellig, weshalb man sie meist in kleinen Scharen antrifft. Häufig schließen sie sich auch Grünfinken oder Hänflingen an.

- **Körperlänge:** 11–12 cm
- **Gewicht:** 10–14 g
- **Nahrung:** Samen, Knospen, Insekten
- **Gelege:** 4 Eier (März–August)

Grünfink

Carduelis chloris

Grünfinken findet man überall in Lagen bis zu 1000 m Höhe. Sie kommen beinahe in ganz Europa vor, wobei sie im hohen Norden fehlen. Die Vögel bewohnen Hecken, Obsthaine, Baumschulen, Parkanlagen und Gärten. Selbst in Großstädten sind sie regelmäßig anzutreffen. Im Winter bleiben die Vögel meist in ihren Brutgebieten. Nur die Populationen aus Nord- und Nordosteuropa ziehen nach Südwesten. Während der kalten Jahreszeit suchen Grünfinken, oft in gemischten Schwärmen mit Buchfinken, auf Stoppelfeldern nach Nahrung. Sie kommen auch an Futterstellen.

- **Körperlänge:** 13–15 cm
- **Gewicht:** 25–35 g
- **Nahrung:** Samen, Knospen, Insekten
- **Gelege:** 4–5 Eier (April–August)

Stieglitz

Carduelis carduelis

Stieglitze brüten fast überall in Europa außer im Norden und Nordosten. Im Herbst ziehen die meisten mitteleuropäischen Bestände nach Südwesteuropa. Die auffällig gefärbten Vögel trifft man in ländlichen Regionen mit Feldern, Bäumen und Sträuchern sowie in Obsthainen, Ziergärten, städtischen Parks und auf Friedhöfen an. Vom Sommerende an und während der kalten Jahreszeit bilden sie große Schwärme, die auf brachliegenden Feldern Futter suchen. Gegenden mit reichhaltigem Distelangebot ziehen die Vögel an, da die Samen von Disteln und Kletten zu ihrer bevorzugten Nahrung gehören.

- **Körperlänge:** 11,5–12,5 cm
- **Gewicht:** 13–19 g
- **Nahrung:** hauptsächlich kleine Samen, Insekten
- **Gelege:** 5 Eier (April–August)

Erlenzeisig

Carduelis spinus

Die geselligen Erlenzeisige trifft man am häufigsten in Erlen- und Birkenwäldern sowie in Parks und Gärten an. Geschickt hangeln sie sich dort selbst an dünnsten Zweigen entlang und zupfen mit ihrem pinzettenartigen Schnabel Samen aus den Zapfen. Futter suchen sie aber auch am Boden oder an trockenen Disteln. Das Verbreitungsgebiet der Art ist lückenhaft, so fehlt sie etwa in Westeuropa und im Mittelmeerraum. In Mitteleuropa ist ihr Vorkommen weitgehend auf Bergwälder beschränkt. Als Brutbiotope beanspruchen die Erlenzeisige lichte Nadelholzbestände, vor allem Fichten.

- **Körperlänge:** 11–12,5 cm
- **Gewicht:** 12–14 g
- **Nahrung:** Samen, Beeren, Insekten
- **Gelege:** 3–5 Eier (März–Juli)

Bluthänfling

Carduelis cannabina

Bluthänflinge bevorzugen trockenes, sonniges Gelände mit kurzem Gras und eigestreuten Büschen oder Sträuchern. So sind sie in Heidelandschaften, der Macchia, auf Brachen, in Weinbergen, Pflanzungen und gegebenenfalls auch in Parks und Gärten anzutreffen. Nach der Brutperiode halten sie sich gern auf Brachland und abgeernteten Feldern auf. Ihr Verbreitungsgebiet erstreckt sich fast über ganz Europa. Nur im hohen Norden fehlt die Art. Fennoskandische und nordosteuropäische Populationen ziehen im Herbst in wärmere Regionen.

- **Körperlänge:** 13–14 cm
- **Gewicht:** 16–21 g
- **Nahrung:** Samen, selten Insekten
- **Gelege:** 4–6 Eier (März–August)

Gimpel

Pyrrhula pyrrhula

Gimpel bewohnen dichte Misch- und Nadelwälder mit reichlich Unterholz sowie Feldgehölze, Hecken, Obsthaine, Gärten und Friedhöfe. Im Herbst und Winter verlassen sie die Wälder und streifen häufig in größeren Trupps umher. Nun kann man sie auf Feldern oder sogar an Futterstellen leicht beobachten. Während der Nistzeit ziehen sich die Paare dagegen tief in Wälder oder Gehölze zurück. Gimpel sind weit über Europa verbreitet. Sie fehlen nur in Teilen der Iberischen Halbinsel, Südosteuropas, Fennoskandiens und auf Island. Die meisten von ihnen bleiben ganzjährig in ihren Brutgebieten.

- **Körperlänge:** 14–18 cm
- **Gewicht:** 18–36 g
- **Nahrung:** Samen, Knospen, Insekten, Spinnen
- **Gelege:** 4–5 Eier (April–Juli)

Kernbeißer

Coccothraustes coccothraustes

Dieser lebhaft gefärbte Zugvogel lebt zurückgezogen in Laub- oder Mischwäldern in Höhenlagen bis zu 1000 m. Er bewohnt die nördliche, gemäßigte und mediterrane Zone, wobei er im Süden fast nur im Gebirge vorkommt. Im Winter verlassen die Kernbeißer die Wälder und wagen sich bis an die Ränder von Dörfern vor. In Regionen, in denen sie häufig auftreten, suchen sie in dieser Zeit sogar Futterplätze auf. Die nördlichen und östlichen Populationen verbringen den Winter im Mittelmeerraum. Die anderen Kernbeißer bleiben ganzjährig in ihren Brutgebieten.

- **Körperlänge:** 16–17 cm
- **Gewicht:** 54–56 g
- **Nahrung:** Samen, Knospen, Triebe
- **Gelege:** 5 Eier (März–Juni)

Goldammer

Emberiza citrinella

- **Körperlänge:** 16–17 cm
- **Gewicht:** 20–35 g
- **Nahrung:** Insekten, Spinnen, Samen (Winter)
- **Gelege:** 3–4 Eier (April–August)

Goldammern findet man in abwechslungsreicher Kulturlandschaft mit Feldern, Hecken und Büschen. Unverkennbar schmettert hier das Männchen im Frühjahr und Sommer sein eintöniges Lied. In der kalten Jahreszeit schließen sich die Vögel großen Finken- oder Sperlingsschwärmen an. Gemeinsam suchen sie Futter auf Brachen und Stoppelfeldern. Ihre Nahrung finden die Goldammern ausschließlich am Boden, doch sie benötigen auch Büsche und Sträucher, um sich darauf niederzulassen. Ihre Verbreitung umfasst weite Teile Europas. Sie fehlen nur im hohen Norden und auf der Iberischen Halbinsel.

Zaunammer

Emberiza cirlus

- **Körperlänge:** 15–16 cm
- **Gewicht:** 17–25 g
- **Nahrung:** Insekten, Samen (Winter)
- **Gelege:** 3–4 Eier (Mai–August)

Zaunammern besiedeln sonnige, buschreiche Landschaften wie etwa Gärten, Weinberge, Macchia oder Brachland. Meist verbergen sich die scheuen Vögel im Laub der Bäume. Das Verbreitungsgebiet der Art umfasst in erster Linie West- und Südeuropa. In Mitteleuropa ist sie nur in der Schweiz und in Südwestdeutschland anzutreffen. Im Winter streifen die Zaunammern in kleinen Trupps umher und schließen sich bisweilen auch größeren Schwärmen von Goldammern an. Auf abgeernteten Feldern lassen sie sich dann leicht beobachten.

Rohrammer

Emberiza schoeniclus

Der Name dieser Vogelart gibt Aufschluss über ihren bevorzugten Lebensraum: sumpfige Gegenden mit hohen Gräsern, Schilf, Ried und Rohrkolben. Auch auf Weidenbüschen lassen sich die Vögel gern nieder und bewohnen mancherorts sogar Ackerränder. Rohrammern brüten in vielen Gegenden Europas mit Ausnahme von Island, dem größten Teil der Iberischen Halbinsel und Südeuropa. Die Populationen aus nördlichen und östlichen Brutgebieten sowie aus dem südöstlichen Mitteleuropa ziehen im Herbst in wärmere Regionen. Die anderen Rohrammern sind Jahresvögel.

- **Körperlänge:** 13–16 cm
- **Gewicht:** 13–23 g
- **Nahrung:** Samen, Insekten, andere Wirbellose
- **Gelege:** 4–5 Eier (April–Juli)

Grauammer

Miliaria calandra

Grauammern leben fast überall in Europa im Flach- und Hügelland bis 800 m Höhe. Sie fehlen nur auf Island sowie in Nord- und Nordosteuropa. Viele von ihnen bleiben ganzjährig in den Brutgebieten. Die anderen überwintern vor allem in Südfrankreich und Nordspanien. Grauammern bevorzugen weite Flächen mit Gräsern wie etwa Sümpfe, Feuchtwiesen oder Kornfelder, sofern es dort Büsche, Pfosten und Stromleitungen gibt. Auf diesen lassen sie sich – von weitem schon gut sichtbar – nieder. Häufig sieht man Schwärme von mehreren Dutzend Tieren.

- **Körperlänge:** 17–18,5 cm
- **Gewicht:** 42–64 g
- **Nahrung:** hauptsächlich Samen, Insekten
- **Gelege:** 4–5 Eier (April–Juli)

Welche Vogelart ist hier zu sehen?

Ein Paar Stockenten beim Gründeln.

Anhang

Vögel beobachten

Immer mehr Menschen entdecken, dass das Beobachten von Vögeln eine entspannende Freizeitbeschäftigung ist. Jeder, der einige schlichte Regeln einhält und sich ein paar Hilfsmittel anschafft, kann viele Arten in freier Natur kennen lernen – in der Stadt genauso wie auf dem Land.

UNVERZICHTBAR: DAS FERNGLAS

Selbst wer nur gelegentlich Vögel beobachtet, wird bald Lust verspüren, sie intensiver zu studieren. Und obwohl sich manche Vögel bis auf Fensterbrett oder Balkon wagen, bleibt es doch schwierig, mit bloßen Augen Feinheiten des Gefieders zu erkennen. Außerdem fühlen sich die Tiere nur ungestört und verhalten sich natürlich, wenn der Beobachter in sicherem Abstand bleibt. Ein Fernglas gehört deshalb für jeden Vogelliebhaber zu den unverzichtbaren Hilfsmitteln.

Fernglastypen

Nach ihrer Bauweise und ihrem optischen System unterscheidet man zwei Kategorien von Ferngläsern: jene mit Porroprismen und jene mit Dachkantprismen. Bei Porrogläsern liegen die Okulare (die direkt ans Auge gesetzten Partien) näher beieinander als die Objektive (das andere Ende des Fernglases). Bei Dachkantgläsern liegen Okulare und Objektive dagegen auf einer Achse. Sie sind dadurch in der Regel kompakter.
Zwei durch ein „x" verbundene Zahlenwerte geben die optischen Eigenschaften eines Fernglases an. Der erste Wert nennt den Vergrößerungsfaktor, der zweite den Durchmesser des Objektivs in Millimetern. Die Angabe 8x30 steht also für ein Fernglas mit achtfacher Vergrößerung und einem Objektivdurchmesser von 30 mm. In der Regel gilt: Je stärker der Vergrößerungsfaktor, umso schwerer und größer das Fernglas und umso instabiler das Bild. Je größer außerdem das Verhältnis zwischen Objektivdurchmesser und Vergrößerungsfaktor, umso höher ist die Lichtstärke (Dämmerungszahl) des Fernglases. Ein Fernglas mit den Werten 10x40 hat eine etwas höhere Lichtstärke als eines mit den Werten 8x30, aber eine geringere als eines mit den Werten 7x45.

Auswahlkriterien

Es gibt Ferngläser in sehr unterschiedlichen Formen und Größen. Die Preise liegen zwischen 25 und 1500 €. Welche Modelle aber sind geeignet?

Ein gutes Fernglas und bequeme Kleidung sind für Anfänger und erfahrene Vogelkundler gleichermaßen wichtig.

Für das **Beobachten von Vögeln** ist ein Fernglas mit sieben- bis achtfacher Vergrößerung (maximal zehn) ideal. Gläser mit Faktor 12, 16 oder gar 20 vergrößern zu stark. Das Bild ist zu wackelig und man sieht den Vogel zu groß, um ihn noch gut wahrnehmen zu können. Am besten eignen sich also Gläser mit den Werten 8x30, 8x40, 8 x 42, 10 x 40 oder 10 x 42.
Porrogläser sind in der Regel preisgünstiger, jedoch auch zerbrechlicher. Ihre optischen Eigenschaften sind oft schlechter als jene von Dachkantgläsern. Einstiegsmodelle für 25 bis 40 € sollte man nur kaufen, wenn man sehr selten Vögel beobachtet. Sie empfehlen sich nicht für einen regelmäßigen und intensiven Gebrauch, weil die

Augen schnell ermüden. Dies kann sogar zu Kopfschmerzen führen. Allerdings gibt es bereits für 50 bis 90 € Porrogläser mit guten Eigenschaften. Rund 150 bis 380 € müssen für ein gutes, solides Modell veranschlagt werden. Dessen optische Präzision entspricht jener der preiswertesten Dachkantmodelle.

Wer regelmäßig und länger Vögel beobachtet, sollte sich für ein **Dachkantglas** entscheiden. Es bietet eine Vielzahl von Vorzügen: Zum einen sind Dachkantmodelle kompakter und durch ihre geschlossene Bauweise weniger anfällig für Staub und Spritzwasser. Zum anderen ist die optische Qualität dieser Gläser (Kontrast, Linsen und Prismen) deutlich besser als jene der Porrogläser.

Auch bei den Dachkantgläsern gibt es zahlreiche Modelle in den unterschiedlichsten Preislagen, allerdings liegt der Einstiegspreis deutlich über dem für Porrogläser. Wer rund 150 bis 380 € investiert, erhält bereits ein Glas, das nicht nur über hervorragende optische Eigenschaften verfügt, sondern auch leicht und klein ist, so dass es in jede Tasche passt.

Jede Medaille hat allerdings ihre Kehrseite, und in diesem Fall bedeutet das, dass die kompakten Gläser bei Dämmerung oder bedecktem Himmel etwas weniger lichtstark sind. Große Markenhersteller wie Bushnell, Leica, Minolta, Nikon, Swarovski oder Zeiss bieten Modelle für 450 bis 600 € an, die auch den Ansprüchen erfahrener Beobachter genügen. Für sehr geübte Hobby- oder Berufsornithologen gibt es darüber hinaus absolute Profi-Dachkantmodelle von Leica und Zeiss mit bis zu 30 Jahren Garantie. Für diese muss man allerdings 800 bis 1500 € berappen.

Zusammenfassung:

- Für den gelegentlichen Gebrauch wählt man ein 8x30- oder 8x40-Porroglas mittlerer Preisklasse (etwa 60 €).
- Für regelmäßige Streifzüge empfiehlt sich ein 10x40-Porro- oder Dachkantmodell guter Qualität für ca. 150 €.
- Erfahrene oder begeisterte Hobbyornithologen sollten die einmalige Investition nicht scheuen und sich für ein 10x40- oder 10x42-Dachkantmodell entscheiden. Für dieses muss man rund 450 bis 600 € veranschlagen.

Die richtige Einstellung

Viele Leute wissen nicht, wie man ein Fernglas richtig einstellt, und beklagen sich dann darüber, dass es nicht optimal funktioniert. Zwei Grundeinstellungen muss indes jeder vornehmen: zum einen den Abstand der beiden Okulare und zum anderen den Dioptrienausgleich.

Damit man gut sieht, muss die **Einstellung beider Okulare** exakt der Pupillendistanz entsprechen. Stehen die Okulare zu weit auseinander, nimmt man im Zentrum des Bildes einen dunklen Fleck wahr. Ist der Abstand zu gering, bleibt der Randbereich des Bildes dunkel. Auch wenn man nur ein geliehenes Fernglas benutzt, sollte man diese Einstellung am Gelenk des Fernglases unbedingt vornehmen, zumal sie sich leicht wieder rückgängig machen lässt.

Jedes Fernglas hat einen Regler für den **Dioptrienausgleich**, falls man mit beiden Augen nicht gleich scharf sieht. Diese Einstellung muss man nur einmal vornehmen, und zwar in folgenden drei Schritten:

1. Zuerst das rechte Auge schließen, das Objektiv auf eine bestimmte Stelle in einigem Abstand richten und dann das Bild mit Hilfe des Fokussierrades in der Okularbrücke scharf stellen.
2. Nun das linke Auge schließen und das rechte öffnen. Sollte das Bild unscharf sein, kann es mit dem Drehregler am rechten Okular oder – bei Dachkantgläsern – mit dem Fokussierrad in der Okularbrücke korrigiert werden.

3) Zuletzt mit beiden Augen durch die Okulare blicken. Das Bild sollte nun scharf sein. Ist dies nicht der Fall, die Schritte 1 bis 3 wiederholen.

Hat man diese Voreinstellung einmal vorgenommen, muss man zukünftig nur noch mit dem Fokussierrad die **Schärfe** regeln. Seinen Augen zuliebe sollte man stets darauf achten, dass das Fernglas optimal eingestellt ist.

NÜTZLICHE ZUSATZAUSRÜSTUNG

Wenngleich das Fernglas das wohl wichtigste Hilfsmittel ist, können darüber hinaus auch noch einige weitere Ausrüstungsgegenstände von Nutzen sein.

Kleidung

Um Vögel zu beobachten, benötigt man weder Tarnanzug noch Jägergrün. Natürlich ist Kleidung in Naturfarben besser geeignet als grellbunte Sachen, doch in erster Linie zählt die Bequemlichkeit. Man sollte sich in der Kleidung wohl fühlen, genügend Bewegungsspielraum haben und weder schwitzen noch frieren. Vögel verfügen ohnehin über eine so feine Wahrnehmung und so scharfe Augen, dass es selbst mit der besten Tarnkleidung kaum gelingen dürfte, unentdeckt zu bleiben. Wer sich vorsichtig und ruhig verhält, hat die besten Chancen, den Tieren nah zu kommen. Ebenso wichtig wie Kleidung ist gutes Schuhwerk, das dem Terrain angemessen ist: Gummistiefel auf Feuchtwiesen oder am Wasser, Wanderschuhe auf steinigem Boden und im Gebirge, Turnschuhe für anderen Untergrund.

Mit einem Spektiv kann man Vögel aus größerer Entfernung beobachten, ohne sie zu stören. Die Fernrohre sind teuer und ersetzen das Fernglas nicht, ergänzen es aber.

Notizbuch

Ein Notizbuch ist ein wertvolles Hilfsmittel, denn darin lässt sich alles, was man auf seinen Streifzügen beobachtet, wie in einem Tagebuch festhalten. Dazu zählen die Namen der Vögel, aber auch die Witterungsbedingungen, genaue Angaben zum Ort (Name, Weg, Zeiten mit besonders günstigen Lichtverhältnissen), außerdem natürlich Bemerkungen zum Verhalten der Vögel oder zum Gefieder eines nicht identifizierten Exemplars. Dieses Buch (und einen Stift) sollte man stets mit sich führen, wenn man sich auf die Erkundung von Vögeln macht. Damit man nichts vergisst, legt man am besten regelmäßig Pausen ein, um die Beobachtungen festzuhalten. Eindrücke, die man sofort notiert, sind in der Regel am objektivsten. Wichtig ist auch, die Aufzeichnungen stets mit dem Datum zu versehen sowie Ort und Anzahl der beobachteten Vögel zu ergänzen.

Bestimmungsbuch

Auf ein Bestimmungsbuch wird man kaum verzichten können, denn es hilft, die beobachteten Vögel zu identifizieren. In der Regel sollte man es auf seine Erkundungstouren mitnehmen, denn es ist natürlich wesentlich einfacher, einen Vogel zu bestimmen, den man direkt vor Augen hat, als später anhand der Notizen zu überlegen, um welche Art es sich gehandelt haben könnte. Hat man sein Buch einmal nicht zur Hand, sollte man die Farbe des Gefieders umso genauer beachten. Wer das Bestimmungsbuch unabhängig von seinen Streifzügen gelegentlich durchblättert, lernt viele Arten vorab kennen und identifiziert sie später leichter. Man wird allmählich mit typischen Formen, Farben und mit den Namen vertraut. Die Bilder, die sich im Lauf der Zeit einprägen, können in freier Natur eine wertvolle Hilfe sein. Im Buchhandel findet man außer dem vorliegenden Band zahlreiche weitere Bestimmungsbücher mit den in Deutschland und Europa heimischen Arten (siehe auch Empfohlene Literatur, Seite 192).

VERHALTENSREGELN

Jeder Vogelbeobachter sollte einige einfache Grundregeln beachten. Dadurch erhöht sich die Wahrscheinlichkeit, die Vögel aus der Nähe zu Gesicht zu bekommen, und entsprechend viel Spaß wird man an seinem neuen Hobby haben.

Zurückhaltend bleiben!

Vögel lassen sich am besten beobachten, wenn man sich auf leisen Sohlen fortbewegt – also langsam geht und jede brüske Bewegung vermeidet. Gesprochen wird, wenn überhaupt, leise. Ebenso sollte man versuchen, beim Gehen möglichst wenig Lärm zu erzeugen, d.h. lieber auf Wegen zu laufen als im trockenen, raschelnden Laub. Auf jede Bewegung und jedes Geräusch muss geachtet werden. Man hält also nicht nur die Augen, sondern auch die Ohren offen. Im Wald hört man Vögel meist lange bevor man sie sieht. Wer sich vorsichtig bewegt, wird mit etwas Glück auch noch andere Tiere wie Rehe, Eichhörnchen oder Füchse entdecken können. In offenem Gelände hält man sich am besten dicht an Waldrändern oder Hecken und meidet das freie Feld. Ebenso bleibt man nach Möglichkeit im Schatten, damit die Körperkonturen mit jenen der Umgebung verschmelzen. Wer diese Hinweise beherzigt, vermeidet überdies Konflikte mit anderen Naturfreunden. Grundsätzlich verhält man sich am besten so, wie man es sich selbst von seinen Mitmenschen wünscht.

Abstand halten!
Es empfiehlt sich immer, einen gewissen Abstand zu den Vögeln zu halten, damit diese sich nicht gestört oder bedroht fühlen. Wenn man sich zunächst in einiger Entfernung positioniert, wagen sich die Tiere oftmals nach einiger Zeit von selbst näher. Dann sollte man unbedingt möglichst reglos verharren. Man setzt das Fernglas langsam an die Augen und vermeidet jede hektische Bewegung. Dabei sollte man sich immer wieder vor Augen führen, dass man die Vögel nur zum Spaß beobachtet und dass die Ruhe und Sicherheit der Tiere oberstes Gebot bleiben sollten. Wer versucht, die Vögel möglichst lange zu beobachten und sich dann zu entfernen, ohne sie aufzuschrecken, hat gewiss mehr Freude, als wenn die Tiere unruhig werden und rasch davonflattern.

Seine Begeisterung zügeln!
Diese Regel zu beherzigen, fällt oft besonders schwer! Wenn man einen Vogel (vielleicht sogar eine Art, die man schon lange gesucht hat) entdeckt, möchte man so rasch wie möglich auf ihn zugehen – und schon ist er verschwunden. Oft wollen Vogelbeobachter auch andere auf das erspähte Tier hinweisen und vertreiben es durch ihre laute Stimme oder brüske Geste, bevor sie Gelegenheit hatten, es ausführlich zu studieren. Oder sie möchten die Position wechseln, um einen Vogel besser zu sehen (anstatt geduldig abzuwarten, bis er von selbst in einen besseren Blickwinkel kommt), und scheuchen ihn dadurch auf. Natürlich ist es nicht leicht, in solchen Situationen Ruhe zu bewahren, doch auf Dauer wird man nur Erfolg und Spaß haben, wenn man sich zu beherrschen lernt.

Sich in Geduld üben!
Geduld gehört zu den wichtigsten Eigenschaften, wenn man erfolgreich Vögel oder auch andere Tiere beobachten will. Oft dauert es lange, bis man überhaupt einen Vogel entdeckt, und noch länger, bis er sich in einem geeigneten Blickwinkel zeigt. Die ersten Streifzüge durch die Natur sind häufig entmutigend, denn man bekommt nur wenige Vögel zu Gesicht und diese oft auch noch unter ungünstigen Bedingungen. Wie in fast allen Bereichen dauert es auch hier eine gewisse Zeit, bis man genügend Erfahrungen gesammelt hat. Am besten macht man sich möglichst oft und immer wieder auf den Weg – und beherzigt das Sprichwort: „Gut Ding will Weile haben".

Lebensräume erkunden!
Vögel gibt es natürlich überall, aber zufällig tauchen sie keineswegs auf. Die meisten Arten sind an einen bestimmten Lebensraum gebunden, sodass man sie an anderen Orten deshalb kaum antreffen wird. Es ist daher besser, sich über die Lebensräume einzelner Arten zu informieren, damit man sie am rechten Platz sucht.
Vogelliebhaber finden bald heraus, wo sie mit Erfolgen rechnen können: etwa in Feuchtgebieten, an Waldrändern oder an Stellen, an denen offenes Gelände und Wald einander abwechseln. Dort finden sich Vögel besonders gern und häufig ein.
Auch innerhalb eines Lebensraums muss man zunächst erkunden, welche Stellen sich zum Beobachten gut eignen. Am besten schaut man sich das Gelände genau an und achtet auf Pfosten, Stromleitungen, Zäune, Büsche, einzeln stehende Gebäude oder Bäume, abgestorbene Äste, Hecken oder Bäche. All diese Landschaftselemente ziehen die Aufmerksamkeit von Vögeln auf sich, die gerade an solchen Stellen Ruhe, Schutz oder Futter suchen.

Man sollte auf sämtliche Strukturen achten, an denen der Blick hängen bleibt: Hecken, Pfosten, Bäume und Getreideschober dienen Vögeln oft als Ruheplatz. Die Berge im Hintergrund laden ebenfalls zu Streifzügen ein.

Die Farben der Vögel

In der Mehrzahl der Fälle gelingt es, die Vogelarten über ihre Farbe zu bestimmen. Allerdings muss man dafür die Farbnuancen eines Vogels wirklich genau definieren und darf sich nicht mit vagen Angaben wie „dunkel“ oder „hell“ zufrieden geben. Ein Vogel mit dunklem Mantel und heller Bauchpartie kann ebenso gut schwarz-weiß wie braun-gelb sein. Jene Farben, die man bei Vögeln am häufigsten beobachtet – Rot, Gelb, Grün, Braun, Grau – erscheinen darüber hinaus in den unterschiedlichsten Schattierungen. Diese sind nachfolgend anhand einiger typischer Beispiele dargestellt, damit man im Ernstfall auf eine genaue Bezeichnung zurückgreifen kann. Nicht immer gibt der Name einer Art die Farbe wirklich exakt an: Rotkehlchen etwa haben keine rote, sondern eine orangefarbene Kehle. Und natürlich können die Lichteinwirkung und die individuelle Färbung einzelner Vögel zu falschen Rückschlüssen führen. Ein Vogel mit feuchtem Gefieder wirkt kontrastreicher als ein trockener Vogel und ein Tier bei Dämmerung erscheint dunkler als bei greller Mittagssonne.

ROTTÖNE

Die Farbe Rot und ihre verschiedenen Schattierungen kommen bei Vögeln am häufigsten vor. Nachfolgend einige farblich illustrierte Beispiele.

Zinnoberrot wie das Gesichtsfeld des Stieglitzes.

Karmesinrot wie Stirn und Brust des Bluthänflings.

Rosarot wie Beine und Schnabel des Rosaflamingos.

Lachsfarben wie die Brust der Dorngrasmücke.

Rostrot wie die Kopfplatte des Mönchsgrasmückenweibchens.

Orange wie der Bauch des Eisvogels.

Rotbraun wie das Brustband der Brandgans.

GELBTÖNE

Einige Vogelarten sind wirklich gelb, viele andere weisen Körperpartien in Gelbschattierungen auf.

Chromgelb wie der leuchtend gefärbte Pirol.

Zitronengelb wie die Bauchseite der Blaumeise.

Cremefarben wie der Bauch der Tannenmeise.

Bräunlich gelb wie die Türkentaube.

Ockerfarben wie der Bauch des Kernbeißers.

Fleischfarben wie die Beine der Haubenlerche und vieler anderer Vögel.

GRÜNTÖNE

Apfel- und hellgrüne Vögel sind selten, solche mit dunkelgrünem oder grünlichem Gefieder kommen dagegen häufiger vor.

Olivgrün wie der Rücken der Schafstelze.

Flaschengrün wie der Kopf der männlichen Stockente.

Khakifarben wie Kopf und Hals der Zaunammer.

Gelbgrün wie das Gefieder des Grünfinks.

Graugrün wie das unauffällige Federkleid des Zilpzalps.

GRAUTÖNE

Viele Vögel sind teilweise grau, doch existieren hier zahlreiche Nuancen, die je nach Lichteinfall beträchtlich variieren.

Mausgrau wie der Rücken des Steinschmätzers.

Silbergrau wie der Mantel der Silbermöwe.

Graubraun wie der Mantel der Mönchsgrasmücke.

Blaugrau wie das Gefieder der Felsentaube.

Aschgrau wie der Graureiher.

Schiefergrau wie der Rücken der Heringsmöwe.

BRAUNTÖNE

In unseren Breiten gibt es weniger bunt gefärbte Arten als in den Tropen. Die Brauntöne haben dafür ganz unterschiedliche Nuancen.

Hellbraun wie der Rücken des Rotkehlchens.

Gelbbraun wie die Feldlerche im Herbst.

Zimtbraun wie die Kopfplatte des Feldsperlings.

Kastanienbraun wie der Rücken der Wacholderdrossel.

Beige wie das Gefieder des Eichelhähers.

Milchkaffeebraun wie der Mantel der Sumpfmeise.

Die Klassifizierung von Vögeln

Im Unterschied zu Wörtern in einem Nachschlagewerk sind Vögel in Bestimmungsbüchern fast nie alphabetisch geordnet. Die große Mehrzahl der Bücher richtet sich nach der wissenschaftlichen Klassifizierung der Tiere und damit nach ihrer systematischen Ordnung. Jede Vogelart gehört zu einer Familie, deren lateinischer Name mit der Endung *-idae* kenntlich ist. Die Familien wiederum untergliedern die Ordnungen, die man an der Endung *-iformes* erkennt.
Die Disziplin, die sich mit der Benennung von Arten, Familien und Ordnungen befasst, heißt Taxonomie. Wer ein detailliertes Bestimmungsbuch konsultiert, findet den gesuchten Vogel leichter, wenn er die Systematik der Vogelwelt wenigstens in groben Zügen kennt.
Nachfolgend stellen wir die Systematik der Ordnungen und Familien vor, die der niederländische Wissenschaftler K. H. Voous in den 1970er Jahren vorgeschlagen hat. Diese Klassifizierung ist bis heute am gebräuchlichsten.

Gaviiformes
Gaviidae (Seetaucher)

Podicipediformes
Podicipedidae (Lappentaucher)

Procellariiformes
Procellariidae (Sturmtaucher)
Hydrobatidae (Sturmschwalben)

Pelecaniformes
Sulidae (Tölpel)
Phalacrocoracidae (Kormorane)

Ciconiiformes
Ardeidae (Reiher)
Ciconiidae (Störche)
Threskiornithidae (Ibisse)

Phoenicopteriformes
Phoenicopteridae (Flamingos)

Anseriformes
Anatidae (Entenvögel)

Accipitriformes
Accipitridae (Habichtartige)
Pandionidae (Fischadler)

Falconiformes
Falconidae (Falken)

Galliformes
Tetraonidae (Raufußhühner)
Phasianidae (Glattfußhühner)

Gruiformes
Rallidae (Rallen)
Gruidae (Kraniche)
Otididae (Trappen)

Charadriiformes
Haematopodidae (Austernfischer)
Recurvirostridae (Stelzenläufer)
Burhinidae (Triele)
Glareolidae (Brachschwalben)
Charadriidae (Regenpfeifer)
Scolopacidae (Schnepfenvögel)
Stercorariidae (Raubmöwen)

Laridae (Möwen)
Sternidae (Seeschwalben)
Alcidae (Papageitaucher, Alke)

Pteroclidiformes
Pteroclididae (Flughühner)

Columbiformes
Columbidae (Tauben)

Cuculiformes
Cuculidae (Kuckucke)

Strigiformes
Tytonidae (Schleiereule)
Strigidae (Käuze, Eulen)

Caprimulgiformes
Caprimulgidae (Nachtschwalben)

Apodiformes
Apodidae (Segler)

Coraciiformes
Alcedinidae (Eisvögel)
Meropidae (Bienenfresser)
Coraciidae (Racken)
Upupidae (Wiedehopfe)

Piciformes
Picidae (Spechte, Wendehals)

Passeriformes
Alaudidae (Lerchen)
Hirundinidae (Schwalben)
Motacillidae (Pieper, Stelzen)
Cinclidae (Wasseramseln)
Troglodytidae (Zaunkönige)
Prunellidae (Braunellen)
Turdidae (Drosseln)
Sylviidae (Grasmücken)
Muscicapidae (Fliegenschnäpper)
Timaliidae (Bartmeisen)
Aegithalidae (Schwanzmeisen)
Paridae (Meisen)
Sittidae (Kleiber)
Tichodromadidae (Mauerläufer)
Certhiidae (Baumläufer)
Remizidae (Beutelmeisen)
Oriolidae (Pirole)
Laniidae (Würger)
Corvidae (Krähen)
Sturnidae (Stare)
Passeridae (Sperlinge)
Fringillidae (Finken)
Emberizidae (Ammern)

Populärnamen und lateinische Namen

Mitte des 18. Jahrhunderts schuf der schwedische Naturforscher Carl von Linné eine Nomenklatur zur Klassifizierung der Tier- und Pflanzenarten. Jede Art erhielt einen wissenschaftlichen Namen, der sich aus zwei lateinischen Wörtern zusammensetzt: der Bezeichnung für die Gattung (mit großem Anfangsbuchstaben) und der Bezeichnung für die Art (mit kleinem Anfangsbuchstaben). *Parus major* etwa ist der wissenschaftliche Name der Kohlmeise, *Passer domesticus* jener des Haussperlings. Diese lateinischen Namen (immer in kursiver Schrift) findet man im zweiten Teil dieses Bandes unter den Populärnamen. Sie haben den entscheidenden Vorteil, dass sie überall auf der Welt gleich sind. Während ein britischer Ornithologe die Kohlmeise unter dem gebräuchlichen englischen Begriff *great tit* kennt, heißt sie mit wissenschaftlichem Namen hier wie dort *Parus major* – und zwar in allen Ländern der Erde. Gerade in den Zeiten der Globalisierung und virtuellen Vernetzung von Welt und Wissenschaft ist dies natürlich von erheblicher Bedeutung. Auch können sich Populärnamen im Lauf der Zeit verändern, während die wissenschaftlichen Namen gleich bleiben.

Vögeln helfen

Vögel sind durchaus in der Lage, ohne die Hilfe des Menschen zu überleben. Gelegentlich kann man ihnen das Dasein aber ein wenig erleichtern. Auf diese Weise überstehen sie den Winter besser bzw. können ihre Jungen sicher aufziehen.

VÖGEL ANLOCKEN UND FÜTTERN

Viele streuen Brotkrumen und anderes Futter für kleinere Vögel, insbesondere Sperlinge, aus. Sie locken sie damit bis dicht an ihre Häuser, manchmal sogar bis auf das Fensterbrett, und können sie dann besser beobachten. Im Winter, wenn viele Vogelarten sich zu größeren Gruppen zusammenschließen und den Standort häufiger wechseln, hat man mit dieser Methode am ehesten Erfolg.

Winterfütterung

Im Winter benötigen Vögel vor allem drei Grundnahrungsmittel: Körner, Fett und Früchte. Dazu kommt das unverzichtbare Trinkwasser. Auf keinen Fall verfüttert werden darf stark salzhaltiges Futter, ebenso wie trockenes Brot (außer Krümeln) und getrocknete Kokosnüsse, denn diese Produkte können bei Vögeln zu Verdauungsbeschwerden führen. Unbedenklich sind dagegen gekochtes Gemüse, Nudeln oder Reis.

Kleine Vogelarten, vor allem Meisen und Finken, fressen am liebsten **Sonnenblumenkerne**, weil deren Schale weich und der Kern sehr gehaltvoll ist. Stieglitze, die sich von kleinen Körnern ernähren, mögen gerne Hirse; sie suchen Gärten im Winter allerdings eher selten auf. Weizen- und Maiskörner sind zu hart und sollten deshalb nicht oder nur in zerkleinerter Form verfüttert werden. Sparen kann man sich teure Fertigfuttermischungen, denn die Vögel verschmähen einen Großteil der Körner. Man würde also nur Geld verschwenden, während die Reste zur Verschmutzung der Futterplätze beitragen.

Ungesalzene **pflanzliche Fette** wie Margarine sind zur Zufütterung geeignet, weil sie weniger schädliche Stoffe enthalten als tierische Fette. Schweineschmalz oder Speckschwarten bilden allerdings eine Ausnahme. Wenn man Schweineschmalz erhitzt, mit Sonnenblumenkernen mischt und abkühlen lässt, kann man „Meisenknödel“

Blaumeisen sind bei strengem Frost für Meisenknödel dankbar.

herstellen, die besonders Meisen, Kleiber und Spechte gern mögen.
Früchte (auch Faulobst) schmecken Amseln und Drosseln, aber auch Sperlinge, Stare und Rotkehlchen picken oft daran. Am besten eignen sich Äpfel, weil sie sich im Winter am längsten halten. Allerdings lässt sich auch jede andere Obstsorte verwenden.
Neben diesen Grundnahrungsmitteln ist **Wasser** besonders wichtig, denn gerade bei Frost und Schnee haben die Vögel oft Mühe, ihren Durst zu stillen. Am besten verwendet man ein flaches, nicht sehr tiefes Gefäß (z.B. eine Untertasse) und füllt es regelmäßig mit frischem Wasser. Bei sehr niedrigen Temperaturen gefriert das Wasser rasch. Dann wechselt man es am besten morgens und abends immer zur gleichen Zeit, damit die Vögel sich an einen bestimmten Rhythmus gewöhnen. Warmes Wasser gefriert übrigens mindestens genauso schnell wie kaltes. Auf keinen Fall hinzufügen darf man Alkohol oder gar Frostschutzmittel; sie würden die Vögel töten.

Tischlein deck' dich!

Ob man das Futter in einem hübschen Futterhäuschen, auf einem Teller am Fenster oder auf dem Boden ausstreut, ist den Vögeln weitgehend egal. Man kann also ruhig die Form der Fütterung wählen, die einem am besten zusagt. Baumärkte und Gartenbaugeschäfte bieten eine große Auswahl an Futterhäuschen an – offene, solche mit Futterspender, zum Aufhängen an Zweigen oder zum Befestigen an der Fensterscheibe. Einige grundlegende Sicherheits- und Hygieneregeln sollten allerdings beachtet werden.
Möchte man Vögel mit Futter anlocken, sollte die Sicherheit der Tiere oberstes Gebot sein. An allen Stellen, an denen sich mehrere Vögel auf engem Raum aufhalten, finden sich mit einiger Sicherheit recht bald Raubtiere wie etwa Katzen oder Marder ein. Das Futterhäuschen sollte daher nicht zu niedrig und auch nicht zu nah an Büschen stehen, unter denen Katzen lauern könnten.
Auch die Sauberkeit im Futterhäuschen darf nicht vernachlässigt werden. Auf den schmutzigen Spelzen aufgepickter Körner siedeln sich Bakterien wie etwa Salmonellen an. Wo größere Mengen von Vögeln regelmäßig verkehren, können sich auch Krankheiten leichter verbreiten. Daher sollte man die Reste täglich von der Futterstelle entfernen. Gleichzeitig empfiehlt es sich, den Platz einmal pro Woche mit Seifenlauge zu reinigen.
Am Ende des Winters ist es ratsam, die Futterstelle gründlich zu desinfizieren und anschließend gut trocknen zu lassen, bevor man sie bis zum nächsten Wintereinbruch verstaut.

Künstliche Nisthilfen für Vögel

Manche Vogelarten, etwa Sperlinge und Meisen, bauen ihre Nester in Spalten und Höhlen. Diese können in hohlen Bäumen, Mauern oder Felsen sein. Solche Nistplätze werden heutzutage leider immer seltener. Zum Glück gewöhnen sich Vögel meist rasch an künstliche Nistkästen und Vogelhäuschen aus Holz. In der Mehrzahl der Fälle werden diese von Kohl- und Blaumeisen sowie von Staren benutzt.

Wahl eines Nistkastens

Fertige Nistkästen

Auch hier bieten Fachgeschäfte und Gartenbaumärkte eine große Auswahl unterschiedlicher Modelle an. Allerdings sind nicht alle für Vögel geeignet und manche stellen für die Tiere sogar eine ernsthafte Gefahr dar.

Viele Nistkästen sind schlicht **zu klein**, also nicht tief und geräumig genug. Bei Regenwetter machen die erwachsenen Tiere dadurch die Jungen nass, die nicht schnell genug trocknen und in der Folge davon sterben. Bei starker Hitze haben die Vögel anderseits nicht genügend Bewegungsspielraum, um ihren Körper abzukühlen. Ist der Nistkasten nicht tief genug, sind die Vögel überdies nicht vor Katzen sicher. Man sollte also beim Kauf eines Nistkastens darauf achten, dass die Bodeninnenfläche mindestens 12 x 12 cm misst und das Einflugloch sich mindestens 15 cm über dem Boden befindet.

Der Durchmesser des Einfluglochs bestimmt, welche Vogelarten den Nistkasten benutzen können. Für Blaumeisen genügen 25–28 mm. Ihre direkten Konkurrenten, die Kohlmeisen, brauchen mit 28–34 mm ein deutlich größeres Einflugloch. Ist das Loch größer als 35 mm und der Kasten entsprechend geräumig, ziehen mit etwas Glück Stare ein.

Bei der Mehrzahl der industriell gefertigten Nistkästen befindet sich unter dem Einflugloch eine kleine Sitzstange. Diese ist nicht nur überflüssig, sondern sogar gefährlich. Katzen können sich daran festklammern, um Jungvögel aus dem Kasten zu angeln. Am besten wählt man also ein Modell ohne Sitzstange oder sägt diese ab.

Beim Kauf eines Nistkastens sollte man auch darauf achten, aus welchem **Material** er besteht. Immerhin hängen davon seine Stabilität und Lebensdauer ab. Viele Modelle sind aus dünnem Sperrholz gefertigt und halten nicht lange. Sehr viel besser eignet sich ein Modell aus mindestens 15 mm dickem Massivholz oder aus widerstandsfähigem Holzbeton. Plastiknistkästen sollte man niemals kaufen. Ton- oder Keramikkästen kann man ebenfalls verwenden, sofern man diese im Schatten aufhängt, denn das Material erwärmt sich bei Sonneneinstrahlung so stark, dass die Jungvögel leicht überhitzen können.

Selbstgebaute Nistkästen

Bastler und Heimwerker können den „idealen" Nistkasten aus unbehandeltem Holz bauen, und zwar am besten mit folgenden Abmessungen:

Für Blaumeisen: Bodenfläche 13 x 13 cm, Höhe 23 cm. Das Einflugloch sollte sich mindestens 18 cm über dem Boden befinden und einen Durchmesser von 26–27 cm aufweisen. Um es in die Holzwand zu bohren, verwendet man einen Holzbohrer oder eine Lochsäge.

Für Kohlmeisen: Bodenfläche mindestens 14 x 14 cm, Höhe 25 cm. Das Einflugloch (Durchmesser 30–32 mm) sollte mindestens 20 cm über dem Boden liegen.

Das Dach muss deutlich größer (vor allem länger) als die Grundfläche des Kastens sein und schräg über das Einflugloch ragen, damit dieses gegen Regen geschützt ist. An der Rückseite des Kastens bringt man eine Holzleiste (20 x 4 x 2 cm) an, damit sich der Kasten an einem Baum oder einer Mauer befestigen lässt. Einige Löcher (6–8 mm) im Boden des Kastens sorgen für bessere Durchlüftung und Trockenheit im Inneren. Deutlich stabiler wird der Nistkasten, wenn man anstelle von Nägeln Schrauben verwendet.

Nistkästen im Garten

Ob Vögel in den Nistkasten einziehen, hängt stark davon ab, wo dieser befestigt wurde. Ganz gleich, für welches Modell man sich entschieden hat – man sollte stets einen ruhigen, unzugänglichen Ort im Schatten wählen.

Am besten eignen sich in der Regel Baumstämme. Man befestigt den Kasten an einem großen Ast. Dazu verwendet man ein entsprechend langes Kabel, das biegsam, aber dennoch fest und haltbar ist. So kann der Kasten nicht herunterfallen. Steht kein geeigneter Baum zur Verfügung, dienen notfalls auch eine Garagenwand, eine Hausmauer oder ein großer Pfosten als Ersatz. Die Art der Befestigung richtet sich dann nach den örtlichen Gegebenheiten.

Tipps

Der Kasten sollte in ca. 2–3 m Höhe über dem Boden angebracht werden. Die Himmelsrichtung spielt keine große Rolle, doch darf der Kasten Wind und Regen nicht zu stark ausgesetzt sein. Unter dem Einflugloch sollte sich eine freie, nach Möglichkeit mit Gras bewachsene Fläche befinden.

Damit Nistkästen für Vögel nicht zur tödlichen Falle werden, muss man sie ordentlich befestigen und die Aufhängung regelmäßig kontrollieren.

Weitere Hinweise

Wer Freude daran findet, Vögel in freier Natur zu beobachten, möchte sicher bald mehr über die Tiere erfahren. Nachfolgend seien daher weiterführende Literatur sowie die Namen und Adressen einiger wichtiger Natur- und Vogelschutzverbände genannt.

Empfohlene Literatur

- **Bauer, H.G. & P. Berthold (1996):** Die Brutvögel Mitteleuropas. Bestand und Gefährdung. Aula Verlag, Wiesbaden.
- **Bezzel, E. (1985):** Kompendium der Vögel Mitteleuropas, Nonpasseriformes – Singvögel. Aula Verlag, Wiesbaden.
- **Bezzel, E. (1993):** Kompendium der Vögel Mitteleuropas, Passeres – Singvögel. Aula Verlag, Wiesbaden.
- **Glutz von Blotzheim, U. N., K. M. Bauer & E. Bezzel (1991–1997):** Handbuch der Vögel Mitteleuropas. Aula Verlag, Wiesbaden.
- **Glutz von Blotzheim, U. N., K. M. Bauer & E. Bezzel (2001):** Handbuch der Vögel Mitteleuropas auf CD-Rom (einschl. Lexikon ornithologischer Fachausdrücke von R. Wassmann). Vogelzug Verlag im Humanitas Buchversand GmbH, Wiebelsheim.
- **Harrison, C. (1975):** Jungvögel, Eier und Nester aller Vögel Europas, Nordafrikas und des Mittleren Ostens. Paul Parey, Hamburg und Berlin.
- **Hayman, P. & R. Hume** (2003): Die Kosmos Vogel-Enzyklopädie. Kosmos Verlag, Stuttgart.
- **Jonsson, L. (1992):** Die Vögel Europas und des Mittelmeerraums. Kosmos Verlag, Stuttgart.
- **Limbrunner, A., E. Bezzel, K. Richarz & D. Singer (2001):** Enzyklopädie der Brutvögel Europas. Kosmos Verlag, Stuttgart.
- **Richarz, K., E. Bezzel & M. Hormann, Hrsg. (2001):** Taschenbuch für Vogelschutz. Aula Verlag, Wiesbaden.
- **Roché, J. C. & D. Singer (2002):** Alle Vögel sind schon da. Bestimmungsbuch und CD. Kosmos Verlag, Stuttgart.
- **Singer, D. (2002):** Welcher Vogel ist das? Kosmos Naturführer. Kosmos Verlag, Stuttgart.
- **Svensson, L., P. J. Grant, K. Mullarney & D. Zetterström (2000):** Vögel Europas, Nordafrikas und Vorderasiens. Kosmos Verlag, Stuttgart.
- **Wassmann, R. (1999):** Ornithologisches Taschenlexikon. Aula Verlag, Wiesbaden.

Natur- und Vogelschutzverbände

- **Ala – Schweizerische Gesellschaft für Vogelkunde und Vogelschutz**
Rüttenenweg 63
CH-4313 Möhlin AG
- **BirdLife Österreich, Gesellschaft für Vogelkunde**
c/o Naturhistorisches Museum
Museumsplatz 1/10/8
A-1070 Wien
- **Deutsche Ornithologen-Gesellschaft (D-OG)**
Institut für Vogelforschung
An der Vogelwarte 21
26386 Wilhelmshaven
- **Deutsche Seltenheitskommission**
Über dem Salzgraben 11
37574 Einbeck-Drüber
- **Deutscher Rat für Vogelschutz**
c/o H.-G. Bauer,
Vogelwarte Radolfzell
78315 Radolfzell
- **Kommitee gegen den Vogelmord e.V.**
Bundesgeschäftsstelle,
Auf dem Dransdorfer Berg 98
53121 Bonn
- **Landesbund für Vogelschutz in Bayern**
Eisvogelweg 1
91161 Hilpoltstein
- **MONTICOLA – Internationale Arbeitsgemeinschaft für Alpenornithologie**
Pontlatzer Sgtr. 49
A-6020 Innsbruck
- **NABU – Bundesgeschäftsstelle**
Herbert-Rabius-Str. 26
53225 Bonn
- **Naturschutzbund Österreich**
Museumsplatz 2
A-5020 Salzburg
- **Ornithologische Gesellschaft in Bayern e.V.**
c/o Manfred Siering
Gereutplatz 1
82031 München

Register

Die nachfolgend genannten Seitenangaben beziehen sich auf den hinteren Teil des Buches (Porträts der Arten), in dem die einzelnen Arten mit Daten und Fakten vorgestellt werden.

Bildnachweis

Cahez, Fabrice: 101o, 109u, 111o, 111u, 117o, 119o, 133o, 140o, 141u, 142o, 143u,156o, 158u, 160u, 161o,162u, 166u, 167u, 170u, 174-175 – **Chittenden, Robin:** 141b - **Duquet, Marc :** 148u, 179, 191 – **Frémont, Jean-Yves :** 178 – **Larousse, Alban:** 176 – **Munier, Michel:** 99u, 112u, 114u, 122b – **Munier, Vincent:** 22-23, 99o, 102o, 107u, 108u, 115o, 118o, 118u, 120o, 128o, 133u, 135u, 141o, 143o, 145u, 147u, 154u, 156u, 163o, 164u, 165u, 166o, 167o, 168u, 168o, 169o – **Tonnel, Roger:** 132u, 150b – **AgenceBios/Duquet, Marc:** 150h – **Agence Jacana: Bahr, Chrismartin:** 104h – **Blanc, Jacques:** 146h – **Bourges, P.:** 122h – **Bourguignon, Pascal:** 101b – **Brehm, Hermann:** 103u, 134o, 137u, 153o, 159h – **Brun, Jacques:** 100o, 109o, 116b – **Chantelat, Jean-Claude:** 122u, 126o, 130o, 136o, 172h – **Colas, Martial:** 135o, 139o, 144o, 157u, 159b – **Cordier, Sylvain:** 96-97, 103o, 105u, 108o, 115u, 116o, 131u, 134u, 136u, 137o, 144u, 147o, 161o, 164o, 165o, 188 – **Coster, Bill:** 106u, 107h – **Danegger, Manfred:** 105o, 106o, 117o, 127o, 127u, 128u, 129u, 138u, 153u, 155u, 162o, 173, 189 – **Dressler, Thomas:** 172b – **Dupont, Frédéric:** 169b – **Giampiccolo:** 125h – **Gladu, Yves:** 113b – **Lambaux, Christophe:** 154h – **Langsbury, Gordon:** 114o, 149u, 158o – **Laporte, Jeff:** 113h – **Layer, Werner:** 149o, 151o, 163b – **Maes, Jean-Claude:** 107b – **Mero:** 110h – **Nardin, Claude:** 126u, 132o, 152b – **Petit, Pierre:** 131u, 138h – **Pissavini, Claude:** 119b – **Prigent, Philippe:** 124o, 124u, 125u, 139b – **Robert, Jacques:** 98o, 121u, 146u, 171b – **Saunier, Alain:** 112o, 123o, 145o, 151u, 152o, 161b – **Sipp, Etienne:** 11g, 11d, 16-17, 102u, 157o – **Soder, Eric:** 98u, 129o, 148o, 155h – **Walz, Uwe:** 104u, 171h – **Wegner, Jörg und Petra:** 142b – **Wisniewski, Winfried:** 120u, 121o, 123b – **Ziesler, Günter:** 110u, 131h

KOSMOS

Erkennen und bestimmen

- Alle wichtigen Vogelarten Europas – Brutvögel, Durchzügler und Wintergäste in über 1400 Farbfotos

Detlef Singer
Welcher Vogel ist das?
432 Seiten, 1410 Abbildungen
€/D 19,90; €/A 20,50; sFr 33,60
ISBN 3-440-07820-5

- CD mit Rufen und Gesängen plus Naturführer – Die ideale Kombination zum Kennenlernen unserer heimischen Singvögel

Jean C. Roché • Detlef Singer
Alle Vögel sind schon da
1 CD (ca. 60 Min.), Naturführer
€/D 9,95; €/A 10,30; sFr 17,50
ISBN 3-440-09762-5

- Der handliche Naturführer mit über 1500 Farbfotos für sicheres und schnelles Bestimmen

Stichmann-Marny (Hrsg.)
Der Kosmos Tier- und Pflanzenführer
544 Seiten, über 1500 Fotos
€/D 9,95; €/A 10,30; sFr 17,50
ISBN 3-440-09765-X

Preisänderungen vorbehalten

www.kosmos.de